DK 621.438.001.4.004.1

FORSCHUNGSBERICHTE
DES LANDES NORDRHEIN-WESTFALEN

Herausgegeben durch das Kultusministerium

Nr. 953

Prof. Dr.-Ing. Karl Leist †
Dipl.-Ing. Heinrich Ostenrath

Institut für Turbomaschinen der Technischen Hochschule Aachen

Betriebsverhalten einer Versuchsgasturbine kleiner Leistung

Als Manuskript gedruckt

WESTDEUTSCHER VERLAG / KÖLN UND OPLADEN

1961

ISBN 978-3-663-03561-9 ISBN 978-3-663-04750-6 (eBook)
DOI 10.1007/978-3-663-04750-6

Gliederung

1. Vorbemerkung . . . . S. 5
2. Konstruktionsbeschreibung der Versuchsturbine . . . . S. 7
3. Aufbau der Versuchsturbine . . . . S. 7
4. Betriebsverhalten einzelner Bauelemente . . . . S. 9
   - a) Laufschaufeln und Läufer . . . . S. 9
   - b) Leitschaufeln . . . . S. 14
   - c) Gehäuseteile . . . . S. 19
   - d) Wälzlager . . . . S. 19
   - e) Getriebe, Anlaßvorrichtung und Hilfspumpen . . . . S. 20
5. Maßnahmen zur Verbesserung der Temperaturverteilung . . . . . . S. 22
6. Leistungskennfeld und Regelung der Turbine . . . . S. 23
7. Drehmomentenverlauf . . . . S. 26
8. Verhalten der Nutzturbinenlaufschaufel bei Schiefanströmung . . S. 34
9. Verlauf des spezifischen Brennstoffverbrauches . . . . S. 37
10. Zusammenfassung . . . . S. 38
11. Literaturverzeichnis . . . . S. 40

1. Vorbemerkung

In Ergänzung der beabsichtigten Untersuchungen über das Betriebsverhalten von Kleingasturbinen, die an einem zu diesem Zweck im Herbst 1953 im Institut für Turbomaschinen aufgestellten französischen Gasturbinentriebwerk "Artouste I" der Firma Turboméca vorgenommen werden sollten [7,8], wurden etwa zum gleichen Zeitpunkt an einem mit eigenen Mitteln zur Frischgasturbine umgebauten Turbolader grundsätzliche Untersuchungen über die Auslegung gemeinsam arbeitender Verdichter und Turbinen durchgeführt. Aufbauend auf den hiermit gewonnenen Erfahrungen sollten nun Fragen der Konstruktion und der Herstellungsmöglichkeiten der für den Bau von Kleingasturbinen wesentlichen Konstruktionselemente, insbesondere der Beschaufelung, geklärt und das Verhalten dieser Teile im Versuchsbetrieb eingehend untersucht werden. Zu diesem Zweck entstand ein Gasturbinenentwurf, bei welchem die einzelnen Hauptelemente ohne besondere Schwierigkeiten leicht auswechselbar ausgebildet wurden. Da sich die geplanten Untersuchungen auf die vom heißen Arbeitsgas beaufschlagten Teile erstrecken sollten, konnte auf einen zur Verfügung stehenden Radialverdichter (Daimler-Benz 603 G) zurückgegriffen werden, so daß die sonst auf diesen Teil der Gasturbine entfallende Entwicklungsarbeit erspart blieb.

Neben einer Reihe von einschlägigen Industriefirmen, welche sich entgegenkommenderweise bereit erklärten, Einzelteile bzw. die zu ihrer Herstellung notwendigen Rohmaterialien zur Verfügung zu stellen, wurden die bisherigen Arbeiten an diesem Projekt u.a. durch finanzielle Mittel des Ministeriums für Wirtschaft und Verkehr des Landes Nordrhein-Westfalen und der Deutschen Forschungsgemeinschaft unterstützt. Um die Turbine während der ersten Versuche nicht unnötigen Schäden auszusetzen, wurden zunächst die Höchstdrehzahlen der Kompressorturbine auf ca. 20 000 U/min und der Nutzturbine auf ca. 15 000 U/min begrenzt, zumal hierdurch die geplanten grundsätzlichen Untersuchungen an dieser Maschine unbeeinflußt bleiben.

Abbildung 1 zeigt die Versuchsturbine auf dem Prüfstand. Abbildung 2 zeigt einen Schnitt durch die Turbine.

Abbildung 1

Ansicht der Versuchsturbine auf dem Prüfstand

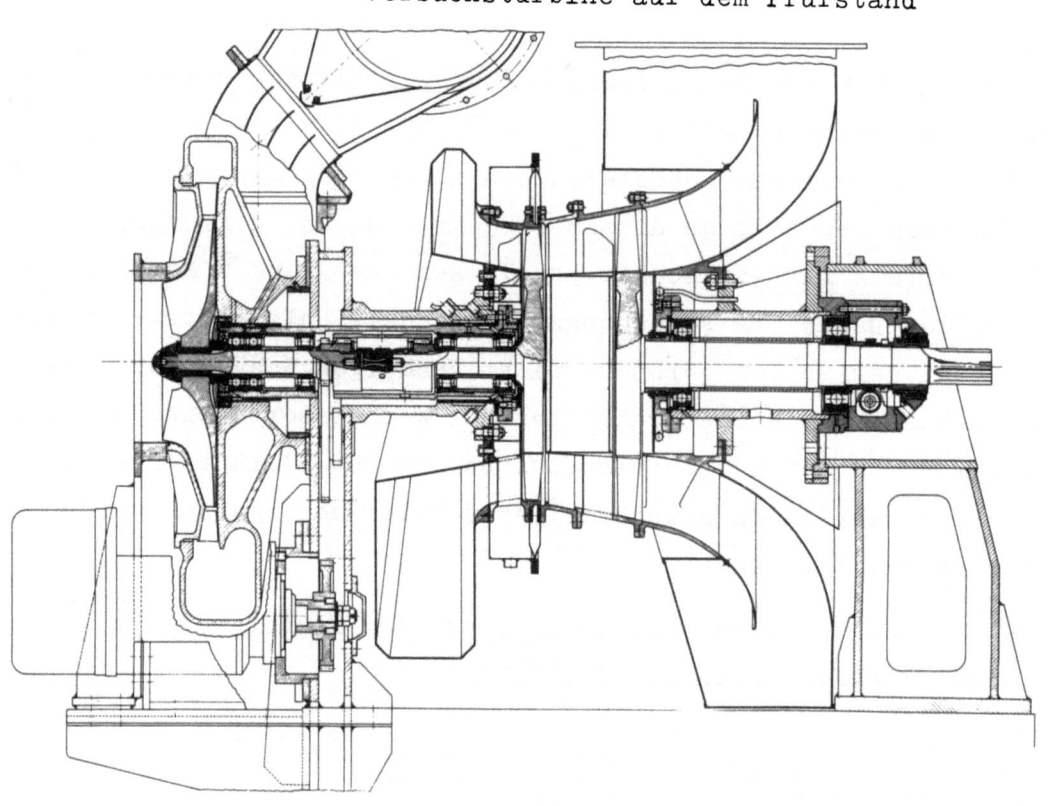

Abbildung 2

Längsschnitt der Versuchsturbine

2. Konstruktionsbeschreibung

Die mit Dieselöl gefeuerte Gasturbine ist für eine Leistung von ca. 250 PS bei 800°C Eintrittstemperatur des Frischgases ausgelegt, wobei die Drehzahl der Kompressorturbine 24 500 U/min, die der Nutzturbine 19 800 U/min beträgt. Die thermodynamische Auslegung basiert hierbei auf den Kennfelddaten des übernommenen Laders.

Der zu erwartende Gesamtwirkungsgrad der Anlage liegt mit 13 bis 14 % im Bereich der bisher für Gasturbinen gleicher Leistungsgröße mit gleichem Arbeitsprozeß (ohne Abwärmeausnutzung) üblichen Werte.

Die Kompressorturbine mit einer Leistung von 450 bis 500 PS ist beidseitig an einem hochtourigen Stirnradgetriebe, welches zum Antrieb der Hilfspumpen sowie zur Aufnahme des Anlassers dient, befestigt. Lader- und Turbinenwelle sind durch ein Kupplungsglied, welches die Achsschübe beider Läufer überträgt, biegeelastisch miteinander verbunden. Diese Konstruktion wurde mit Rücksicht auf die biegekritischen Drehzahlen der Wellen gewählt.

Die Turbine ist mit einer am Institut bereits früher untersuchten Ellbogenbrennkammer ausgerüstet, die sich durch kurze Brennlänge bei geringen Druckverlusten und gute Temperaturverteilung auszeichnet.

Die als 2. Stufe beaufschlagte, ohne mechanische Kupplung mit der Kompressorturbine laufende Nutzturbine wurde mit Rücksicht auf die im Stillstand auftretenden maximalen Drehmomente sowie die gegebenenfalls zu erwartenden Rückwirkungen von der angetriebenen Arbeitsmaschine her konstruktiv robuster als die Kompressorturbine ausgeführt.

Die Abmessungen der kompletten Turbine sind: Länge 1100 mm, Breite 1000 mm, Höhe 1100 mm; das Gewicht beträgt ca. 200 kg, wobei zu beachten ist, daß mit Rücksicht auf den Zweck als Versuchsturbine ein Optimum an Leistungsgewicht und Bauvolumen nicht angestrebt wurde.

3. Aufbau der Versuchsturbine

Nach Abschluß von Versuchen zur experimentellen Bestimmung von für die Dimensionierung der gasführenden Teile wichtigen Einflußfaktoren (Ausflußziffern, Strömungsverhältnisse in Krümmern usw.) wurden frühzeitig Laufversuche an beiden Turbinen durchgeführt, um das Verhalten der Lagerungen, des Getriebes sowie die Kaltfestigkeiten der rotierenden Teile zu erproben. Der Antrieb erfolgte hierbei mittels Kaltluft. Die Abbildungen 3 und 4 zeigen Ausschnitte aus solchen Vorversuchen.

A b b i l d u n g   3

Vorversuche am Leitrad der 1. Stufe

A b b i l d u n g   4

Kaltluft-Laufversuche an der Kompressorturbine

Im Januar 1956 konnte die Turbine erstmalig im Eigenbetrieb gefahren werden, zunächst ohne die Nutzturbine, später mit dieser, jedoch anfänglich ohne Leistungsabgabe. Nach Abstellung einer Reihe von Schwierigkeiten, welche im einzelnen im nachfolgenden Teil dieses Berichtes aufgeführt werden, und Aufstellung einer vorläufig zu verwendenden hochtourigen Wasserbremse konnten die Laufzeiten erheblich gesteigert werden.

Wie zu erwarten, traten die ersten Schwierigkeiten im Verlauf der oben erwähnten technologischen Laufversuche an den Lagern beider Turbinen auf. Überbeanspruchungen durch Achsschub sowie unzulässig hohe Temperaturen infolge Passungsschwierigkeiten und ungenügend bemessener Schmierölzufuhr waren hierfür die Ursachen. Abhilfe konnte durch Änderung der Konstruktion, Vergrößerung der radialen Lagerluft und genauer Dosierung des Schmiermittels geschaffen werden.

Nach Aufnahme des Eigenbetriebes, welcher mit Rücksicht auf die nun noch stärker ansteigenden Lagertemperaturen nur jeweils wenige Minuten möglich war, stellten sich Wärmeverzüge der Gehäuseteile ein, die verschiedentlich zum Anstreifen der Turbinenschaufeln im Gehäuse (im Einbauzustand beträgt der Spalt 0,4 bis 0,5 mm) führten. Durch exzentrisches Verschieben der betreffenden Gehäuseteile und Einbau zusätzlicher Dehnfalten zwischen Turbineneinlaufspirale und Brennkammer konnten diese Erscheinungen weitgehend beseitigt werden. Gleichzeitig wurde ein Überschleifen der Läufer notwendig, da sich die Laufschaufeln beider Turbinenstufen in den Fußpassungen gesetzt und hierdurch unterschiedlich gelängt hatten.

4. Betriebsverhalten einzelner Bauelemente

a) Laufschaufeln und Läufer

Zur Erzielung bester Strömungswirkungsgrade entstand eine erste Laufschaufelkonstruktion, welche die aerodynamischen Forderungen bezüglich der Profilierung mit Vorrang gegenüber den Anforderungen vonseiten der Festigkeit bzw. Lebensdauer befriedigte. Gleichzeitig sollte, um den Fertigungsaufwand gering zu halten sowie ein leichtes Auswechseln der Beschaufelung gegen Schaufeln anderer Formgebung zu ermöglichen, die Fertigungsmethode möglichst einfach sein. Gemeinsam mit der Firma Gebr. Böhler & Co. AG., Düsseldorf, welche auch die Gesamtkonstruktion der Turbine hinsichtlich der Auswahl der warmfesten Materialien betreute, wurde beschlossen, die Laufschaufeln im Präzisionsgußverfahren herzustellen, wozu das Institut je ein nach einer Mutterschaufel (Abb.5) aus Messing kopiergefrästes Modell lieferte.

Abbildung 5

Mutterschaufeln zur Herstellung der Gußmodelle

Als Gußwerkstoff für die Laufschaufeln diente der hochwarmfeste Stahl "Turbotherm 16 Z".

Abbildung 6 gibt einen Überblick über die bisher nach diesem Verfahren hergestellten Schaufeln. Die fertig beschaufelten Läufer zeigen die Abbildungen 7a, 7b und 7c.

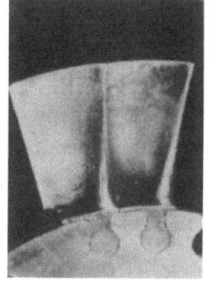  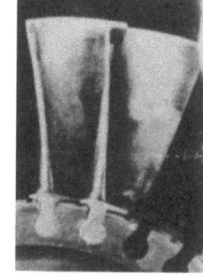

Beschaufelung 1. Entwurf

Kompressorturbine
n = 26500 U/min

Nutzturbine
n = 19800 U/min

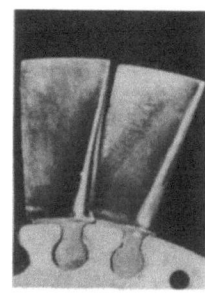 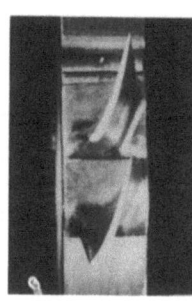 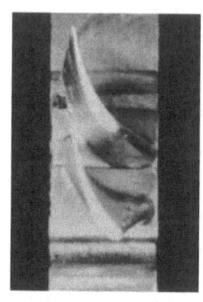 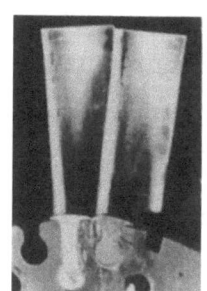

Beschaufelung 2. Entwurf

Abbildung 6

Übersicht über die verwendeten Beschaufelungen

 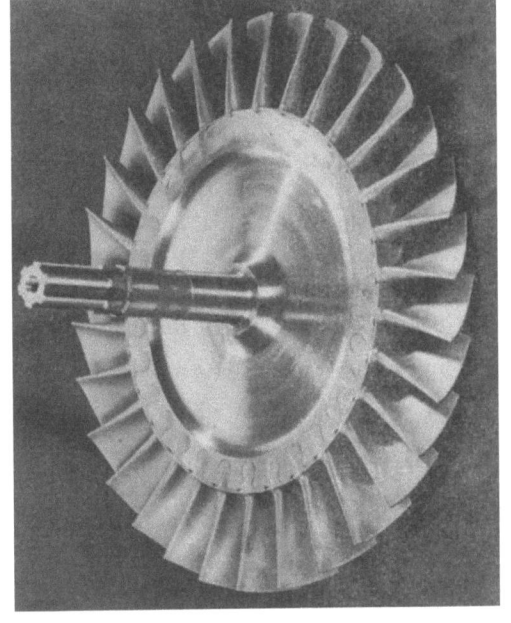

Abbildung 7a   Abbildung 7b

Läufer der Kompressorturbine

Abbildung 7c

Läufer der Nutzturbine

Während die Profile der fertigen Laufschaufeln mit hoher Genauigkeit den Entwürfen entsprachen, ergaben sich beim Einpassen der Lavalfüße in die Läufer Schwierigkeiten, da hier die Gußtoleranz zu unterschiedlichen Fußstärken führte, so daß die Fußrundungen von Hand nachgearbeitet werden mußten. Die Folge hiervon war das oben bereits erwähnte unterschiedliche Setzen in den Fußpassungen und das dadurch hervorgerufene ungleichmäßige Längen der Schaufeln. Eine möglichst maschinelle Nachbearbeitung gegossener Schaufelfüße durch Profilschleifen scheint für größere Stückzahlen daher unbedingt erforderlich, sofern nicht überhaupt, wie insbesondere z.B. bei Verwendung von Tannenzapfenfüßen, eine allseitige Bearbeitung der Füße durch Spezialwerkzeuge vorgesehen wird.

Das Materialverhalten der Beschaufelung war bisher einwandfrei. Außer wenigen Gewaltbrüchen infolge durch die Beschaufelung hindurchgetretener Fremdkörper zeigen beide Beschaufelungen weder Schwingungs- noch Temperaturspannungsrisse. Einzelne während eines Gewaltbruches mitbeschädigte Laufschaufeln brauchten bisher nicht ausgewechselt zu werden, da die an ihnen aufgetretenen Deformationen geringfügig waren und keine nachträglichen Folgerisse aufwiesen (Abb.8).

A b b i l d u n g   8

Laufschaufelbruch an der Kompressorturbine infolge Durchtritts eines Fremdkörpers (Pfeil: fehlende Schaufel)

Die Profiloberflächen blieben im Rauhigkeitsgrad unverändert, lediglich die Eintrittskanten sind durch Erosionseinfluß leicht aufgerauht. Die bei dem genannten Gewaltbruch verbogenen Schaufeln zeigen Deformationen, die auf große Zähigkeit des vergossenen Materials schließen lassen (Abb.9).

Insgesamt ist für die Beurteilung des Betriebsverhaltens der Beschaufelung zu berücksichtigen, daß die bisherige Gesamtlaufzeit im Eigenbetrieb etwa 70 Stunden beträgt, in denen die Turbine allerdings etwa 250 mal angefahren wurde.

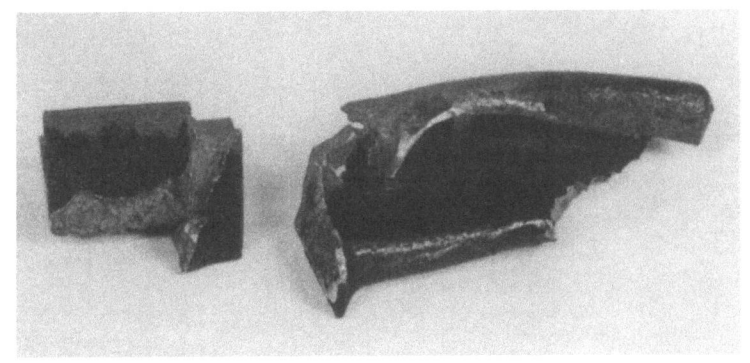

Abbildung 9

Infolge Durchtritts eines Fremdkörpers an der Fußplatte
abgerissene Schaufel

Da die langgestreckten Profile der Laufschaufel, insbesondere in der
2. Turbinenstufe, auf eine erhöhte Gefährdung durch erregte Eigenschwingungen schließen lassen, wurde das Schwingungsverhalten aller Schaufeltypen (s.hierzu Abb.6) eingehend untersucht.

Neben der Ermittlung einer Vielzahl von Eigenfrequenzen, deren jeweilige Schwingungsformen (Biege- bzw. Torsions- oder Flatterschwingungen) Rückschlüsse auf den Grad der Gefährdung der Schaufel zulassen, konnten hierbei Schwingungsamplituden in der Größenordnung von 0,1 bis 4μ gemessen werden. Die Abbildungen 10a und b zeigen zwei charakteristische Schwingungsformen höherer Frequenzen der Nutzturbinenlaufschaufel, bei welchen die Knotenlinien der schwingenden Schaufel durch Aufstreuen von trockenem Kochsalz sichtbar gemacht wurden. Die Auswertung dieser Untersuchungen gibt die Anlage 1 wieder, aus der, über den Drehzahlen beider Turbinen aufgetragen, die Eigenfrequenzen (waagerecht verlaufende Linien) sowie die konstruktiv bedingten und die aus den Unterbrechungen des Gasstromes resultierenden Erregerfrequenzen 1. bis 23. Ordnung (schräg ansteigende Geraden) zu entnehmen sind. Die Zunahme der Eigensteifigkeit der Schaufeln mit wachsender Drehzahl sowie der Einfluß der Materialtemperatur wurden hierbei rechnerisch berücksichtigt. (Anwachsen der Eigenfrequenzen mit zunehmender Drehzahl.) Anlage 2 gibt den Versuchsaufbau der Schwingungsuntersuchungen wieder.

Die Schnittpunkte der Eigenfrequenzen mit den zugehörigen Erregerfrequenzen ergeben diejenigen Drehzahlen, bei welchen die voneinander unabhängigen Kompressor- bzw. Nutzturbinenläufer mit Rücksicht auf die hier auftretenden starken Eigenschwingungen der Laufschaufeln möglichst nicht gefahren werden sollen.

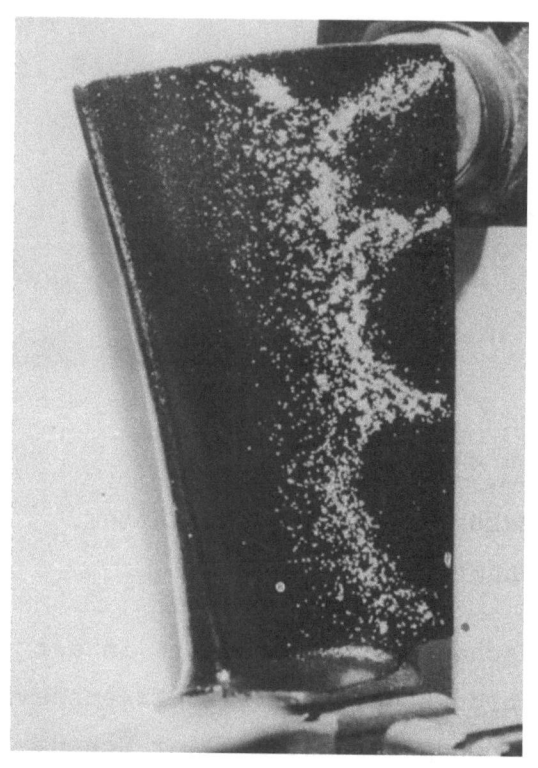 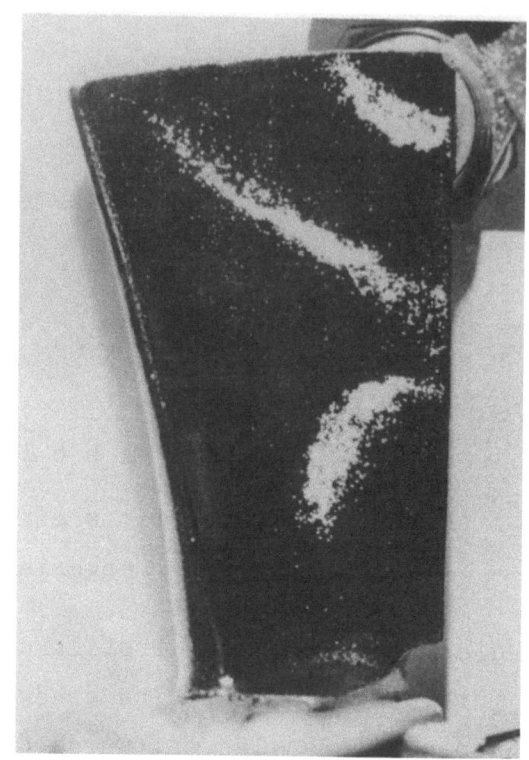

Schwingungsfrequenz 8800 Hz   Schwingungsfrequenz 9450 Hz

A b b i l d u n g   10a   A b b i l d u n g   10b

Knotenlinien der schwingenden Nutzturbinenschaufel

Gestützt auf die Ergebnisse dieser Untersuchungen wurde eine zweite Beschaufelung der Nutzturbine, bei welcher unter Konzessionen an die aerodynamische Formgebung der Profile das Festigkeitsverhalten der Schaufeln besonders berücksichtigt werden konnte, entworfen. Die Herstellung dieser Schaufeln übernahm die Firma Deutsche Edelstahlwerke AG., Werk Bochum, unter Verwendung ihres Werkstoffes "ATS 101".

Die Turbinenläufer wurden von der Firma Gebr. Böhler & Co. AG. aus deren Material "DMV 16" formgeschmiedet, vorgearbeitet und vergütet. Beanstandungen, insbesondere an den hochbelasteten Radkränzen, haben sich bisher nicht ergeben.

b) Leitschaufeln

Die Leitschaufeln beider Turbinenstufen sind aus Blech gebogene Hohlschaufeln, welche nach Lieferung eines am Institut angefertigten Kernmodells von der Firma Kronprinz AG., Werk Hilden, aus gewalztem, 0,8 mm starkem "Thermax 10 A"-Blech (DEW) um den Kern gebogen und an den Austrittskanten mit je zwei parallel laufenden Rollnähten verschweißt wur-

Abbildung 11

Profil der geschnittenen und zugeschärften Leitschaufel

den. Vor dem Einbau in die Gehäuseringe der Leiträder wurden die Schaufeln auf Endmaß geschnitten und die Austrittskanten zugeschärft (Abb.11 u. 12).

Abbildung 12

Mit Doppel-Rollnaht verschweißte Austrittskante der Leitschaufel

Die Abbildungen 13a, b und c zeigen das Durchstecken und Einpassen der bearbeiteten Schaufeln in die Gehäuseringe (a = zum Schweißen verwendeter Kupferkern). Das Verbindungsschweißen zwischen Schaufel und Gehäusering wurde zunächst im ungeschützten Lichtbogen, später, nachdem hierbei Risse in der Schweißnaht auftraten, im Argonarc-Verfahren ausgeführt.

Abbildung 13a

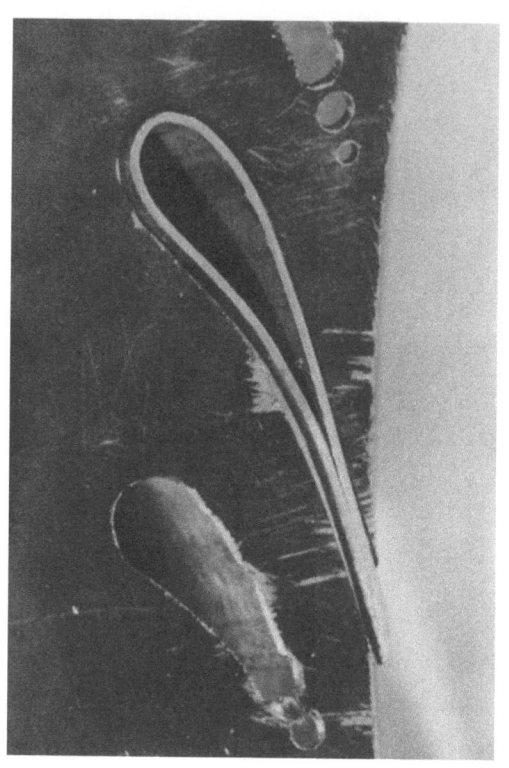

Abbildung 13b

Abbildung 13c

Die Schutzgasschweißung, welche in der Folge ausschließlich bei allen Schweißarbeiten am warmfesten Material angewendet wurde, hat bei geringsten Wärmeverzügen beste Erfolge gezeigt.

Die Abbildungen 14a, b und c zeigen das fertig geschweißte und nachbearbeitete Leitrad der Kompressorturbine. Der innere Kühlmantel wurde

Abbildung 14a Abbildung 14b

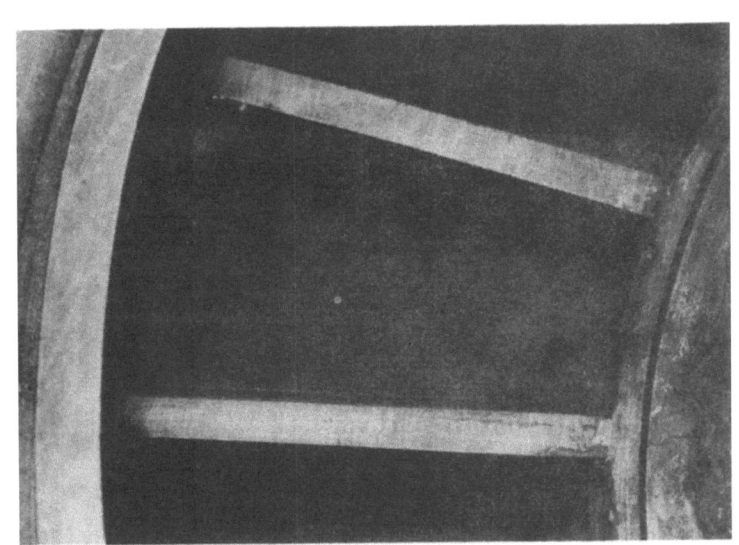

Abbildung 14c

Fertig verschweißte Leitschaufeln (Austrittsseite)

anschließend mit 2,5 mm starken Bohrungen versehen, aus welchen die durch die Leitschaufeln hindurchgeführte Kühlluft in das Turbineninnere austritt, um dort eine Restkühlung des Läufers zu bewirken.

Die mit 800°C heissem Arbeitsgas beaufschlagten Leitschaufeln der 1. Turbinenstufe waren zunächst nicht gekühlt. Nach Einknicken einer Reihe von Schaufeln (Abb.15) infolge ungleichmäßiger Temperaturverteilung im Gas und dadurch bedingter Überhitzung wurde ein Blechmantel um den Leitring gelegt, von welchem aus die Kühlluft durch die Schaufeln ins Turbineninnere eingeführt wird.

A b b i l d u n g 15

Infolge Überhitzung eingeknickte Leitschaufeln

Die in den Eintrittskanten verschiedener Leitschaufeln gemessenen Materialtemperaturen liegen je nach Stärke der Kühlung und Lastzustand der Turbine bei 650 bis 750°C. Einzelne Deformationen der Schaufeln infolge des bereits erwähnten Fremdkörperdurchtritts konnten durch Ausbeulen in der Schweißflamme bzw. durch Argonarc-Auftragsschweißung rückgängig gemacht werden.

Die Leitschaufeln der 2. Turbinenstufe blieben bei einer Beaufschlagungstemperatur von 650 bis 690°C bisher ungekühlt, da die durch Wärmespannungen hervorgerufenen Dehnungen hier konstruktiv leichter aufgenommen werden können als bei den Leitschaufeln der 1. Stufe.

Die Schaufeloberflächen beider Leiträder sind bisher unverändert glatt mit Ausnahme leichter Erosionsrauhigkeiten an den Eintrittskanten der 1. Stufe. An den scharfen Austrittskanten der Leitschaufeln sind weder Wärmerisse aufgetreten noch ist im Bereich der Rollschweißnaht ein Aufklaffen der Blechenden festzustellen.

c) Gehäuseteile

Die den Strömungskanal bildenden Gehäuseringe wurden von der Firma Gebr. Böhler & Co. AG. aus hochwarmfestem Stahlguß "Antitherm FFG" gegossen und im Institut spanabhebend bearbeitet. (Hartmetall H1 bzw. HSS-Werkzeuge.) Schwierigkeiten in der Bearbeitung ergaben sich lediglich durch zonenweise unterschiedliche Härte des Gußstahles, die u.a. das Bearbeiten der Durchbrüche für die Leitschaufeln erschwerte. Alle Schweißarbeiten konnten ohne Vorwärmung bzw. nachträgliches Spannungsfreiglühen ausgeführt werden.

d) Wälzlager

Ohne genaue Kenntnis der Wärmeableitungsverhältnisse an den Lagern beider Turbinen wurden zunächst Rillenkugellager bzw. Rollenlager in Hochgenauigkeitsausführung mit vergrößerter radialer Lagerluft nach C 153 und Leichtmetall-Massivkäfigen verwendet.

Anfängliche Schwierigkeiten, die Achsschübe der Kompressorturbine in den Rillenkugellagern aufzunehmen, konnten durch Verbindung beider Wellen weitgehend beseitigt werden. Für das laderseitige Doppel-Radiaxlager ist darüber hinaus eine Auswechslung gegen ein paarweise zusammengepaßtes Rillenkugellager nach VM 033 vorgenommen worden.

Abbildung 16

Komplette Lagerung der Kompressorturbine
  a) Verdichterrad
  b) Turbinenrad
  c) Thermoelement für Lagertemperatur

Nach Messung der Temperaturen an den Außenringen der Kugellager, die während des Betriebes maximal 200°C erreichten, wurden die Lager der Turbinenwelle gegen wärmebehandelte Sonderlager nach WB 10.54/20.54 unter gleichzeitiger Vergrößerung der radialen Lagerluft (C 154) ausgetauscht, um größere Sicherheit in der zulässigen Temperaturdifferenz zwischen Innen- und Außenring zu gewinnen und gleichzeitig die Maßbeständigkeit bis zu Betriebstemperaturen von 230°C zu gewährleisten. Die eingebauten Lager wiesen bei einer Inspektion teilweise Anlauffarben des Innenringes auf, welche auf Ringtemperaturen von 250 bis 270°C schließen lassen. Hier besteht jedoch die Wahrscheinlichkeit, daß die Überhitzung nach Abschalten der Turbine und Aussetzen der Ölzufuhr bzw. Luftkühlung eintrat. Beschädigungen an den Laufflächen bzw. an den Zylinderrollen waren nicht festzustellen. Diese Lager finden z.Zt. noch Verwendung nach Einbau einer zusätzlichen Kühlung durch Aufblasen von Kühlluft auf die rückwärtige Scheibenseite des Kompressorturbinenläufers.

Die Nutzturbinen-Lager größerer Bohrung liefen bisher einwandfrei bei am Außenring gemessenen Temperaturen von maximal 165°C. Diese Lager besitzen radiale Ölbohrungen im Außenring.

Als Schmiermittel dient Turbinenöl mit einer 50°C-Viskosität von 2,5 bis 3,5°E, das unter Drücken zwischen 0,2 und 1,5 atü den Lagerstellen zugeführt wird.

e) Getriebe, Anlaßvorrichtung und Hilfspumpen

Das Hilfsgerätegetriebe der Kompressorturbine dient zur Leistungsübertragung an die Kraftstoff- und Schmierölpumpen sowie zur Übertragung der Anlaßleistung auf die Turbinenwelle.

Die Übersetzungsverhältnisse von 12 : 1 für die Pumpen bzw. 1 : 2,5 für den Anlasser werden mittels geradverzahnter, ungehärteter und ungeschliffener, kugelgelagerter Zahnräder erreicht. Geradverzahnung konnte gewählt werden, da ein stärkeres Laufgeräusch des Getriebes bei dem allgemein hohen Geräuschpegel der gesamten Turbine ohne Belang ist. Das Getriebe wurde nach Entwürfen des Instituts von der Firma Fried. Krupp, Maschinenfabrik Essen, Abteilung Getriebebau, konstruiert und gemeinsam mit den Kupplungsteilen der Kompressorturbine einbaufertig geliefert. Es lief bisher ohne Beanstandung.

Der Gesamt-Schmierölbedarf der Turbine von 13 l/min entfällt zu etwa 80 % auf das Getriebe. Bei einer Eintrittstemperatur von 18°C beträgt die mittlere Austrittstemperatur des Öles 55°C vor dem Kühler.

Als Turbinenanlasser dient ein serienmäßiger 4,5-PS-Kraftfahrzeuganlasser BNG 4/24 CLS 165, Fabrikat Bosch, welcher nach Änderung der Verzahnung der Schubankerhülse unmittelbar in das Zahnradgetriebe eingespurt werden kann. Nach sorgfältiger Einstellung des Einspurvorganges hat eine bisher über 300fache Betätigung des Anlassers nur einmal zur Beschädigung der im Verhältnis zum ursprünglichen Verwendungszweck des Anlassers schwachen Verzahnung geführt, so daß ein Zahnrad ausgewechselt werden mußte. Der Anlasser beschleunigt die Kompressorturbine bis auf 5000 U/min und bleibt nach Zündung der Brennkammer bis zu einer Kompressorturbinendrehzahl von 10 000 U/min eingespurt.

Abbildung 17

Versuchsturbine, Ansicht von der Eintrittsseite

a) Getriebe, b) elektrischer Anlasser, c) Brennstoffpumpe, d) versuchsweise montierter Schalldämpfer zur Dämpfung des Einlaufgeräusches

5. Maßnahmen zur Verbesserung der Temperaturverteilung

Die infolge der kurzen innerhalb der Ellbogenbrennkammer zur Verfügung stehenden Brennlänge und der anschließenden scharfen Umlenkungen im heissen Gasstrom auftretenden starken Temperaturgradienten zwangen zu besonderen Untersuchungen der Temperaturverteilung des Arbeitsgases bei Eintritt in die Turbine. Um Einzeleinflüsse veränderlicher Bauelemente der Brennkammer, im wesentlichen die Ausbildung und Stellung der Lufteintrittsklappen und des Primärteiles der Brennkammer, genauer untersuchen zu können und diese Arbeiten nicht an der hochtourig laufenden Maschine vornehmen zu müssen, wurde die Brennkammer getrennt von dieser untersucht. Abbildung 18 zeigt den Versuchsaufbau.

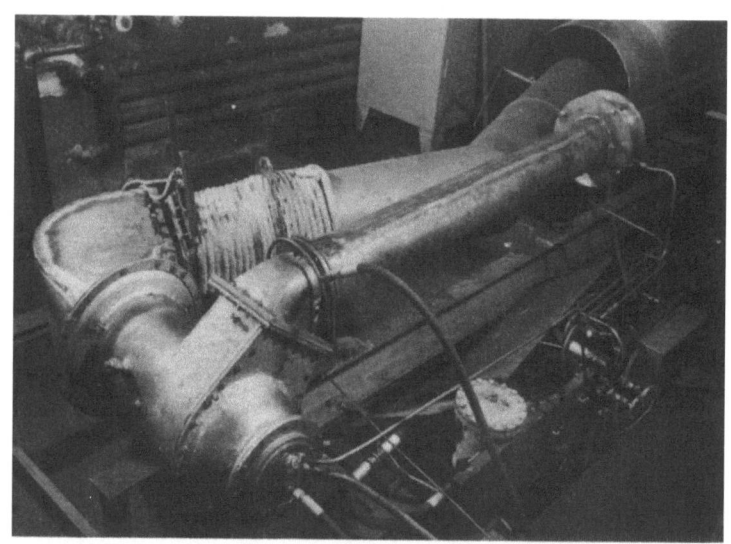

Abbildung 18

Untersuchungen an der kompletten Brennkammer

In fünfzehn Versuchsstunden ergab eine Serie von 28 ausgewerteten Temperaturverteilungen die für den Betrieb der Turbine günstigsten Einstellungen. Gleichzeitig konnte der bisher Schwierigkeiten im praktischen Turbinenbetrieb hervorrufende Druckverlust von 7,4 % auf 3,4 % gesenkt werden. Die Abbildungen 19 und 20 zeigen die Verbesserungen der Temperaturverteilung.

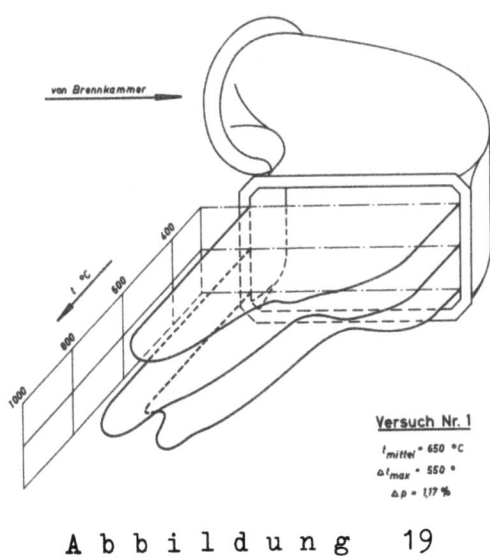
Abbildung 19

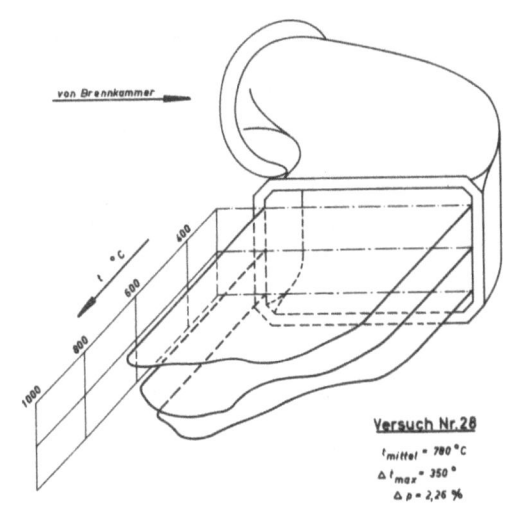
Abbildung 20

6. Leistungskennfeld und Regelung der Turbine

Zur Durchführung der geplanten Meßprogramme wurden zahlreiche Meßstellen für Drücke und Temperaturen in die Turbine eingebaut. Es werden u.a. Luft- und Gastemperaturen mit 20 strahlungsgeschützten Thermoelementen vor, in und nach der Maschine gemessen, darüber hinaus werden die Temperaturen in den Außenringen der Wälzlager überwacht (Abb.21).

Abbildung 21

Einbau strahlungsgeschützter Thermoelemente zur Messung der Gastemperatur am Leitradeintritt der Kompressorturbine

Der durch den Einbau der Meßelemente in die Leiträder auftretende Verengungseinfluß in der Gasströmung muß dabei in Kauf genommen werden.

Abbildung 22 zeigt das Leistungskennfeld der Zweiwellen-Gasturbine für den Leistungsbereich entsprechend den begrenzten maximalen Drehzahlen. Man erkennt den relativ steilen Leistungsanstieg in der Nutzturbine im Bereich niedriger Drehzahlen. Verbindet man die Leistungsmaxima für den Drehzahlparameter "Kompressorturbinendrehzahl" (n_{KT}) miteinander, so ergibt sich der in Abbildung 22 strichpunktierte Verlauf für die jeweilige Optimaldrehzahl der Nutzturbine, bei welcher deren Beschaufelung den ihrer Auslegung entsprechenden u/c_1-Wert erreicht.

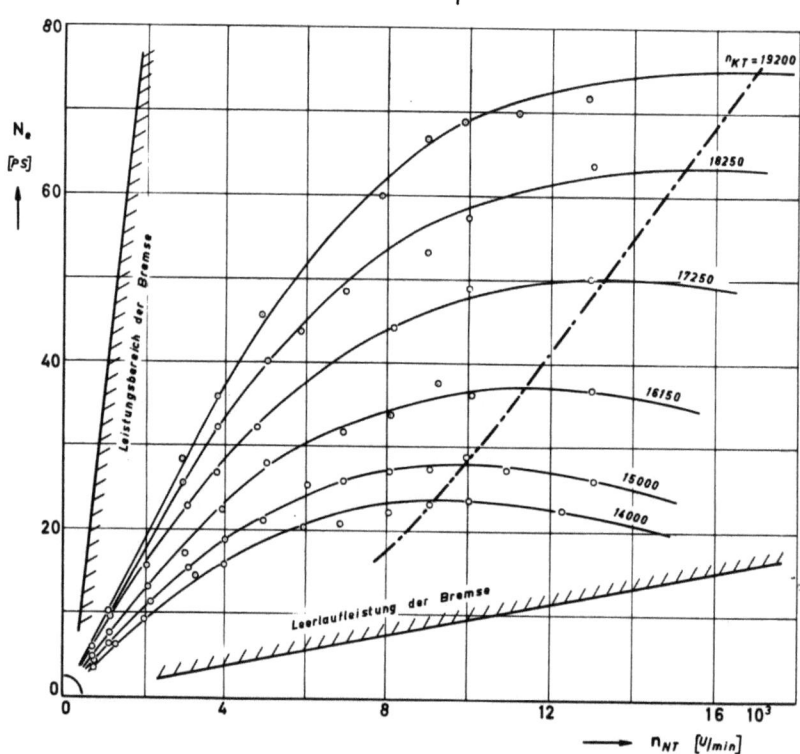

Abbildung 22

Leistungskennfeld der Nutzturbine

Bemerkenswert bei der Aufnahme eines derartigen Kennfeldes ist, daß nur eine Leistungsbremse Verwendung finden kann, deren Charakteristik hohe Bremsmomente bei niedrigen Drehzahlen aufzunehmen gestattet. Im vorliegenden Fall ist eine wassergekühlte Wirbelstrombremse mit Untersetzungsgetriebe eingesetzt, deren unterer Leistungsbereich in die Abbildung 22 mit eingetragen ist. Die Einstellung der Bremsbelastung erfolgt durch Veränderung des Erregerstromes in den Statorwicklungen der Bremse und ist, verglichen mit der als bekannt vorausgesetzten Regelung üblicher Wasserbremsen, bei Verwendung geeigneter Widerstände stufenlos und außergewöhnlich feinfühlig. Abbildung 23 gibt einen Blick auf die Wirbelstrombremse mit Getriebe wieder.

Abbildung 23

Rückansicht der Versuchsturbine mit Wirbelstrombremse

Auf die Entwicklung eines selbsttätigen oder teilweise selbsttätigen Regelorgans für die Turbine wurde verzichtet, um wahlweise jeden möglichen Fahrvorgang von Hand einregeln zu können. Im Prinzip wird die Versuchsturbine mit Einhebelbedienung gefahren, durch die der Drosselquerschnitt der Kraftstoff-Hochdruckleitung vor der Einspritzdüse von Hand verstellt wird. Da Kraftstoffmenge und -druck nach der Kraftstoff-Zahnradpumpe mit zunehmender Drehzahl der Kompressorturbine anwachsen, ist vor das Fahrventil lediglich ein federbelastetes Überstromventil geschaltet, das den Einspritzhöchstdruck begrenzt und bei Drehzahlschwankungen der Kompressorturbine annähernd konstanten Kraftstoffdruck vor dem Fahrventil aufrecht erhält. Diese verhältnismäßig einfache Schaltung ermöglicht ein sicheres Konstanthalten der Kompressorturbinendrehzahl, solange nicht durch Änderung der Nutzturbinenbelastung Veränderungen in der Aufteilung der Turbinengefälle hervorgerufen werden.

Die Regelung der Nutzturbinendrehzahl kann wahlweise durch Veränderung der Kompressorturbinendrehzahl oder der Bremsbelastung erzielt werden. Im Hinblick auf die direkt auf die Kraftstoffeinspritzung wirkende Einhebelbedienung bietet sich ein Regelprogramm an, bei welchem die Drehzahl der Kompressorturbine konstant gehalten wird, so daß durch Laständerung an der Nutzturbine und die damit eintretende Gefälleverschiebung nur eine geringfügige Korrektur der Fahrventilstellung notwendig wird.

7. Drehmomentenverlauf $M_{d\,NT} = f(n_{NT})$

Für die Beurteilung des Betriebsverhaltens der Zweiwellen-Gasturbine ist die Untersuchung des Drehmomentenverlaufs bei veränderlicher Drehzahl der Nutzturbine von entscheidender Bedeutung. Abbildung 24 zeigt, daß das Nutzturbinendrehmoment bei konstanter Kompressorturbinendrehzahl mit abnehmender Nutzturbinendrehzahl fast linear ansteigt.

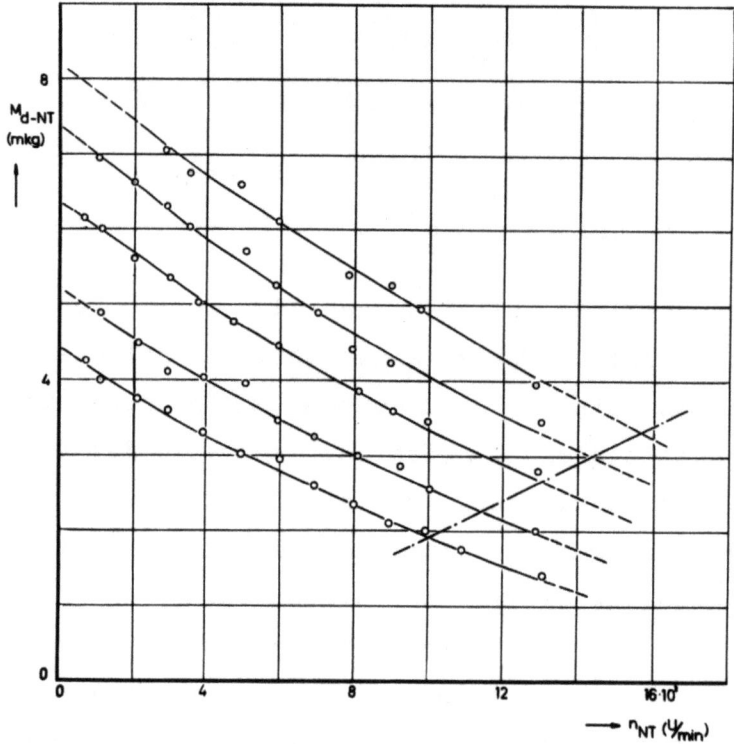

A b b i l d u n g   24

Drehmomentenverlauf der Nutzturbine

Für das Drehmoment an axial durchströmten Maschinen gilt allgemein:

$$P_u = \frac{G}{g}(c_{1u} - c_{2u}) \text{ und } M_d = \frac{G}{g} \cdot r \, \Sigma \, c_u$$

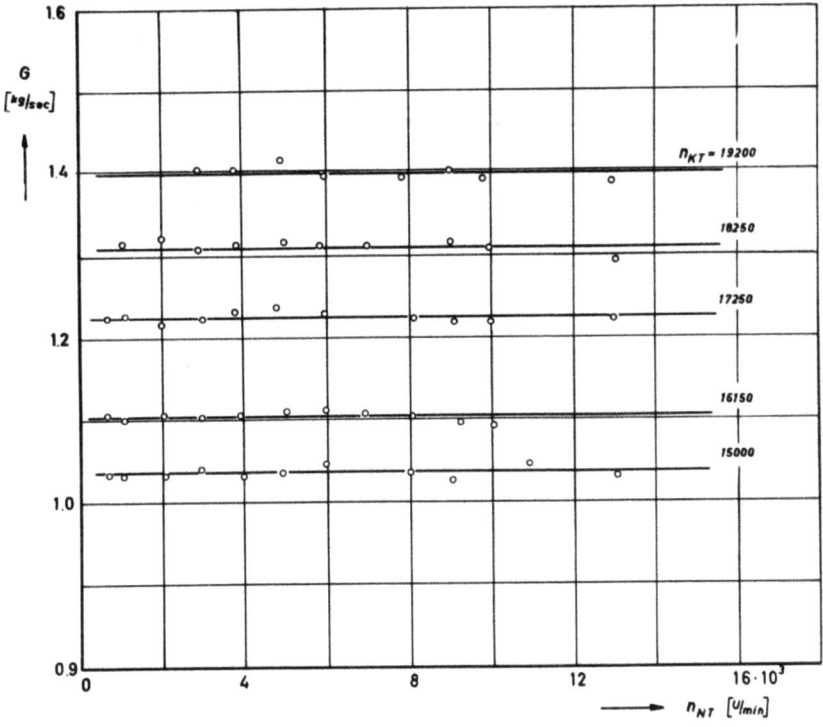

Abbildung 25

Durchsatz in Abhängigkeit von der Nutzturbinendrehzahl

Aus Abbildung 25 geht hervor, daß bei konstant gehaltener Drehzahl des Kompressorsatzes der Durchsatz G der Versuchsturbine über der Drehzahl der Nutzturbine ebenfalls konstant bleibt. Damit wird das Verhältnis von Stillstandsmoment $M_{d\,St}$ zum Auslegungsmoment $M_{d\,A}$

$$\frac{M_{d\,St}}{M_{d\,A}} = \frac{\Sigma c_{u\,St}}{\Sigma c_{u\,A}}$$

In den Abbildungen 26 und 27 sind die theoretischen Geschwindigkeitsdreiecke einer einstufigen Turbine für die Auslegungsdrehzahl und für den Stillstand betrachtet, wobei sich zeigen wird, daß grundsätzlich zu unterscheiden ist, ob es sich bei der Nutzturbine bzw. Nutzturbinenstufe um eine Gleichdruck- oder eine Überdruckbeschaufelung handelt. Es sei hierbei ausdrücklich darauf hingewiesen, daß die im folgenden angestellten Betrachtungen hinsichtlich der Zahl der Wahlgrößen für die Konstruktion der Geschwindigkeitsdreiecke keineswegs erschöpfend sein können. Sowohl die Beschränkung ihrer Gültigkeit für den üblicherweise betrachteten mittleren Koaxialschnitt unter Vernachlässigung von Drall- und Reaktionsgradänderungen mit dem Übergang auf andere Koaxialschnitte als auch die Auswahl nur weniger, charakteristischer Merkmale der Geschwindigkeitsdreiecke (Reaktionsgrad $\varrho = 0$ bzw. 0,5; $c_{2u} = 0$; $\psi = 1$; wahlweise Winkelgleichheit für α_1, α_2, β_1, β_2 usw.) gestatten nur grundsätzliche Betrachtungen, deren Gültigkeit jedoch durch die im weiteren angeführten Meßergebnisse eine gute Bestätigung erfährt.

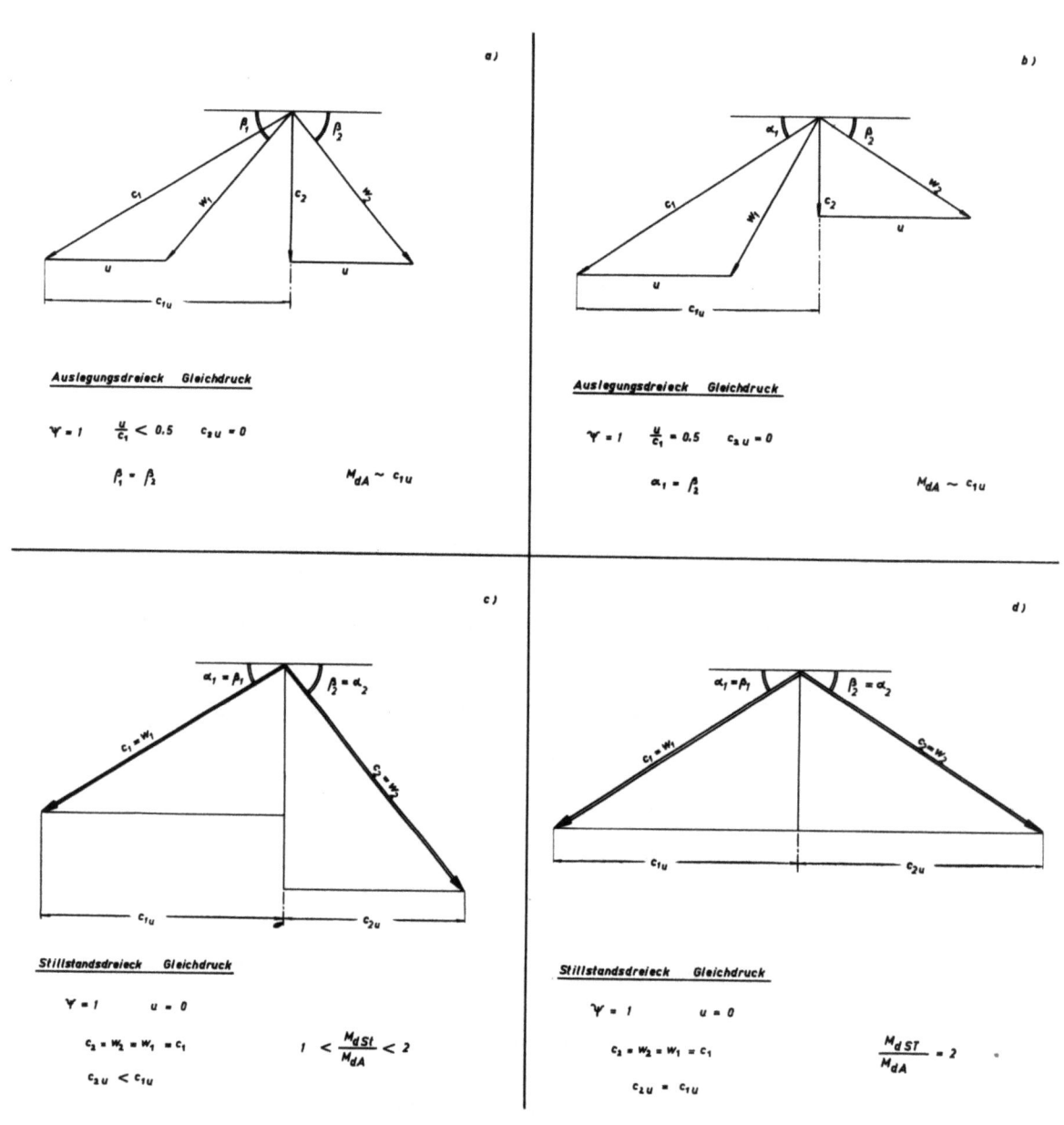

Abbildung 26

Die Geschwindigkeitsdreiecke bei Gleichdruck

Die Abbildung 26 zeigt die im obigen Sinne vereinfachten Geschwindigkeitsdreiecke zunächst bei Gleichdruck, wobei die c_{2u}-Komponenten für den Auslegungsfall Null gesetzt sind und ferner $\psi = 1$ gewählt wird. Die Schaufelein- und -austrittswinkel β_1 und β_2 seien in Abbildung 26 gleich groß (was der üblichen Auslegungsform der Gleichdruckstufe nahekommt).

Das Verhältnis der Meridiankomponenten ist in Abbildung 26a $c_{m2}/c_{m1} = 1$.
In Abbildung 26b ist $u/c_1 = 0,5$ und $c_{m2}/c_{m1} < 1$ gewählt bei ungleichen
Winkeln $\beta_1 \neq \beta_2$.

Unter Vernachlässigung der bei Schiefanströmung der Laufschaufel auftretenden Stoßverluste seien jetzt die Geschwindigkeitsdreiecke für den Stillstand betrachtet (Abb. 26c und 26d). Hierbei wird

$$\beta_1 = \alpha_1 \quad \text{und} \quad \alpha_2 = \beta_2.$$

Läßt man die Umfangsgeschwindigkeit gegen Null gehen, so wird bei Stillstand

$$c_2 = w_2 = w_1 = c_1.$$

Im Falle der Abbildung 26c wird jetzt Σc_u für den Stillstand anwachsen auf den Wert

$$\Sigma c_{u\,ST} = c_{1u\,A} + c_{2u\,St} < 2 \cdot \Sigma c_{u\,A}$$

und damit das Verhältnis

$$1 < \frac{M_{d\,St}}{M_{d\,A} \text{ (Gleichdruck, } \beta_1 = \beta_2)} < 2.$$

Im Falle der Abbildung 26d wächst Σc_u noch stärker an entsprechend

$$\Sigma c_{u\,St} = c_{1u\,A} + c_{2u\,St} = 2\,\Sigma c_{u\,A}$$

und es wird

$$\frac{M_{d\,St}}{M_{d\,A} \text{ (Gleichdruck } \alpha_1 = \beta_2)} = 2.$$

Das Stillstandsdrehmoment der Gleichdruckturbinenstufe kann unter den genannten Voraussetzungen daher maximal auf das Zweifache des Auslegungsmomentes anwachsen, wobei das Optimum offenbar dann erreicht wird, wenn die Schaufel- bzw. Strömungswinkel $\beta_2 = \alpha_1$ gesetzt werden.

Es seien nun die Geschwindigkeitsdreiecke der Überdruck-Turbinenstufe mit 50%iger Reaktion betrachtet und, wie im vorstehenden Falle der Gleichdruckbeschaufelung, auch hier die Strömungsbeiwerte $\psi = 1$ sowie die c_{2u}-Komponenten für die Auslegung Null gesetzt (drallfreier Austritt). Abbildung 27 zeigt oben das Auslegungsdreieck, während darunter das Stillstandsdreieck gezeichnet ist. Zur Vereinfachung sind evtl. vorhan-

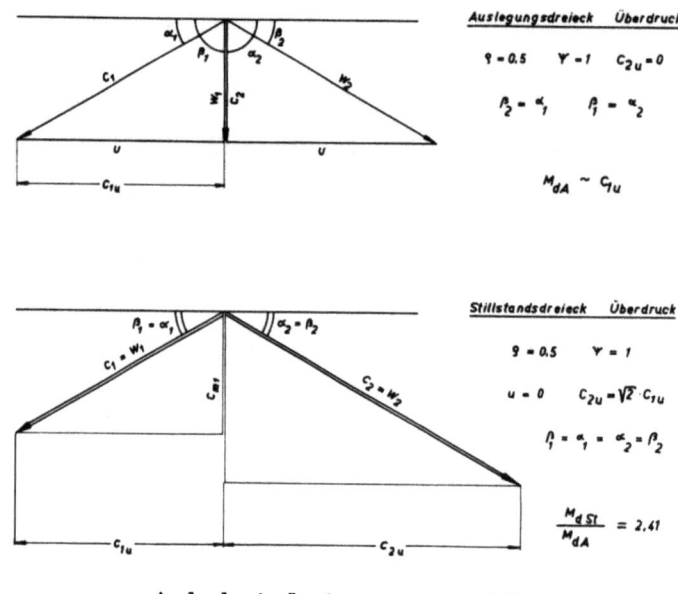

Abbildung 27

Die Geschwindigkeitsdreiecke bei Überdruck

dene Vorlaufgefälle zur Stufe unberücksichtigt geblieben. Das Stillstandsdreieck läßt deutlich erkennen, daß der Reaktionsanteil der absoluten Austrittsgeschwindigkeit zu einer Vergrößerung der c_{2u}-Komponente gegenüber der c_{1u}-Komponente führt, da hier gilt (unter Berücksichtigung der Verdoppelung des Laufradgefälles infolge der Zulaufgeschwindigkeit $w_1 = c_1$)

$$c_{2\,St} = c_{1A} \cdot \sqrt{2}$$

und somit

$$\Sigma c_{u\,St} = c_{1u\,A} + c_{1uA} \cdot \sqrt{2} = 2{,}41\, \Sigma c_{u\,A}$$

und

$$\frac{M_{d\,St}}{M_{d\,A}}\, (\text{Überdruck},\ \varrho = 0{,}5) = 2{,}41.$$

Da an der ausgeführten Turbine weder der Strömungsbeiwert $\psi = 1$ noch dieser Beiwert bei Richtungs- und Geschwindigkeitsänderungen konstant bleiben wird, stellen die obenstehend abgeleiteten Momentenverhältnisse Optimalwerte dar. Es ist daher für die praktische Auslegung des Drehmomentenverhaltens zu definieren

$$1 < \frac{M_{d\,St}}{M_{d\,A}}\, (\text{Gleichdruck}) \leq 2$$

und

$$1 < \frac{M_{d\,St}}{M_{d\,A}\,(\text{Überdruck})} \leq 2{,}41.$$

Die vorstehenden Betrachtungen haben selbstverständlich auch nur dann Gültigkeit, wenn das an der Nutzturbinenstufe anliegende Gefälle durch den Regelvorgang keine Veränderung erfährt. Die im folgenden aufgeführten Veränderungen des Gegendruckes und der Temperaturen vor und nach der Nutzturbine haben jedoch Gefällevergrößerungen zur Folge, die eine zusätzliche Vergrößerung des Drehmomentes ergeben.

Dies gilt insbesondere für diejenige Ausführungsform von Turbinen mit nachgeschalteten Ringdiffusoren, wie sie die Versuchsturbine in Abbildung 2 zeigt. Hier wird durch die Veränderung der Drallrichtung sowie durch das Anwachsen der Austrittsgeschwindigkeit bei abnehmender Nutzturbinendrehzahl ein effektiv längerer Diffusorweg erzeugt, der wie eine Verringerung des Öffnungswinkels des Diffusors wirkt und hierdurch Größe und Wirkungsgrad der Umsetzung von Austrittsgeschwindigkeit in nutzbares Druckgefälle verbessern kann.

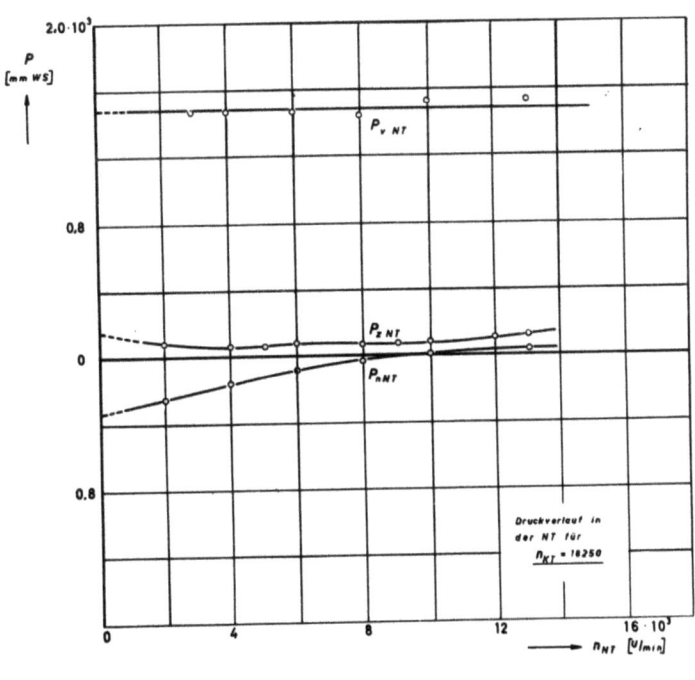

Abbildung 28

Druckverlauf in der Nutzturbinenstufe für n_{KT} = 18 250 U/min

$P_{v\,NT}$ = Druck vor der Nutzturbine

$P_{z\,NT}$ = Druck zwischen Leit- und Laufrad der Nutzturbine

$P_{n\,NT}$ = Druck hinter der Nutzturbine

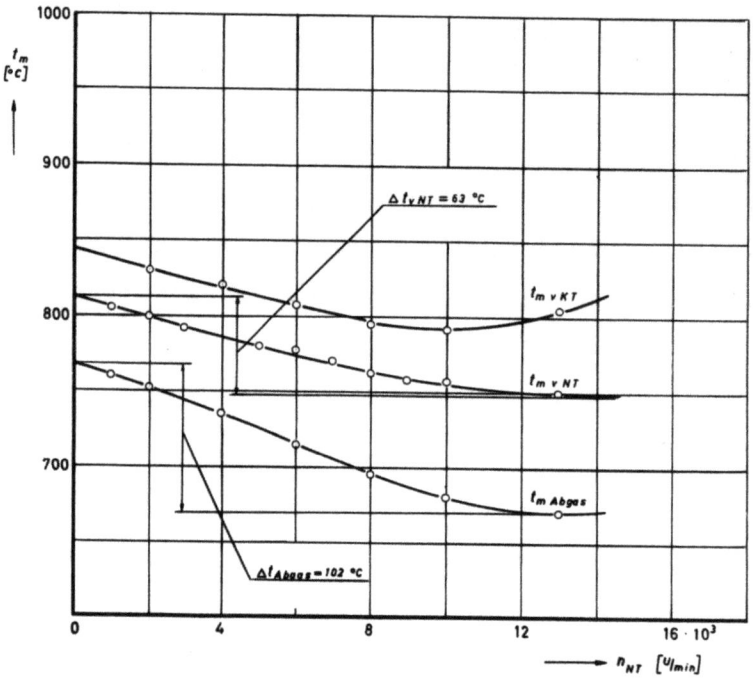

Abbildung 29

Temperaturverlauf in der Nutzturbinenstufe für n_{KT} = 18 250 U/min
t_{mvKT} = mittlere Gastemperatur vor der Kompressorturbine
t_{mvNT} = mittlere Gastemperatur vor der Nutzturbine
t_m Abgas = mittlere Abgastemperatur

Betrachtet man den Verlauf von Druck und Temperatur in der Nutzturbine als Funktion ihrer Drehzahl für konstante Kompressorturbinendrehzahlen, so ergeben sich die Abbildungen 28 und 29. Man erkennt deutlich die Absenkung des Gegendruckes ($p_{n\ NT}$) gegen Stillstand der Nutzturbine, welche nicht unerheblichen Gefällegewinn bringt. Der statische Druck zwischen Leit- und Laufrad ($P_{z\ NT}$) weist zwischen 4000 und 8000 U/min der Nutzturbine eine Ungleichförmigkeit auf, deren Ursache im nachfolgenden Absatz 8 noch eingehend behandelt werden wird.

Im Temperaturverlauf der Abbildung 29 fällt auf, daß alle Temperaturen, auch die mit aufgetragene mittlere Frischgastemperatur vor der Kompressorturbine ($t_{m\ vKT}$), mit abnehmender Nutzturbinendrehzahl ansteigen. Dieser Vorgang erklärt sich insofern, als für die Konstanthaltung des Durchsatzes G (s.Abb.25) mit absinkendem Turbinenwirkungsgrad der Nutzturbine die Temperatur ($t_{v\ NT}$) vor dieser und damit auch vor der Kompressorturbine ($t_{v\ KT}$) zu erhöhen sind, da der Druck bei konstantem Durchsatz und konstanter Kompressorturbinendrehzahl nicht steigen kann. Diese Temperaturerhöhung zieht sich daher durch die ganze Turbine hindurch. Darüber hinaus ist jedoch deutlich das stärkere Anwachsen der mittleren Abgastemperatur ($t_{m\ Abgas}$) zu erkennen, welches beispielsweise bei einer Kompressorturbinendrehzahl von 18 250 U/min bei Stillstand der Nutzturbine eine Temperaturerhöhung um 102°C gegenüber der Abgastemperatur im Optimalpunkt bewirkt und mit dem Anwachsen des Austrittsvolumens infolge der Drosselung verbunden ist, während die entsprechende Erhöhung des Temperaturniveaus in der Turbine nur 63°C beträgt.

Zusammenfassend seien nachfolgend noch einmal die genannten Einflüsse und Zustandsänderungen in der Nutzturbinenstufe einer Zweiwellenturbine der vorstehend geschilderten Bauform aufgeführt, wenn bei konstanter Kompressorturbinendrehzahl die Drehzahl der Nutzturbine von der Auslegungs- oder Optimaldrehzahl gegen Null abgebremst wird:

1. Der Durchsatz G bleibt konstant.
2. Der Druck vor der Nutzturbine bleibt konstant.
3. Die Gastemperaturen steigen mit Ausnahme der Abgastemperatur gleichmäßig in der ganzen Maschine an.
4. Das Austrittsvolumen V_A wächst durch Drosselung und Verwirbelung in der Laufradbeschaufelung der Nutzturbine.
5. Aus Folge von 4. erhöht sich die Abgastemperatur über den allgemeinen Temperaturanstieg gemäß 3. hinaus.
6. Bei Turbinenausführungen mit nachgeschalteten Diffusoren kann eine weitere Absenkung des Gegendruckes auftreten, wenn durch Richtungsänderung der Strömung eine Verbesserung oder Vergrößerung der Umsetzung von Geschwindigkeit und Druck möglich ist.
7. Das Drehmoment der Nutzturbine wächst proportional der Zunahme von Σc_u und erreicht bei Stillstand den weniger als zweifachen Wert des Auslegungsmomentes bei Gleichdruckbeschaufelungen, den mehr als zweifachen, jedoch weniger als 2,41fachen Wert des Auslegungsmomentes bei Überdruckbeschaufelungen.

Zur Auswertung des gemessenen Drehmomentenkennfeldes der Versuchsturbine ist in Abbildung 24 eine den Optimalpunkten des Leistungskennfeldes der Abbildung 22 entsprechende Verbindungslinie, die annähernd eine Gerade darstellt, strichpunktiert eingetragen. Das Verhältnis der Stillstandsmomente zu den Momenten im Optimal- oder Auslegungspunkt ist für alle Kompressorturbinendrehzahlen gleich und beträgt

$$\frac{M_{d\ St}}{M_{d\ A}} = 2,43.$$

Die Zunahme der Momentenverhältnisse über den vorstehend abgeleiteten
Wert von 2,41 hinaus ist auf eine Gefällevergrößerung als Auswirkung der
unter Punkt 3. und 6. genannten Veränderungen zurückzuführen.

8. Verhalten der Nutzturbinenlaufschaufel bei Schiefanströmung

Abbildung 30 zeigt in vergrößertem Auftragungsmaßstab den Druckverlauf
zwischen Leit- und Laufrad der Nutzturbine bei verschiedenen Kompressorturbinendrehzahlen. Auffallend ist hier die bereits oben erwähnte Unste-
tigkeit infolge des Wiederanstiegs des Zwischendruckes, der etwa bei der
Hälfte der jeweiligen Optimaldrehzahl zu verzeichnen ist.

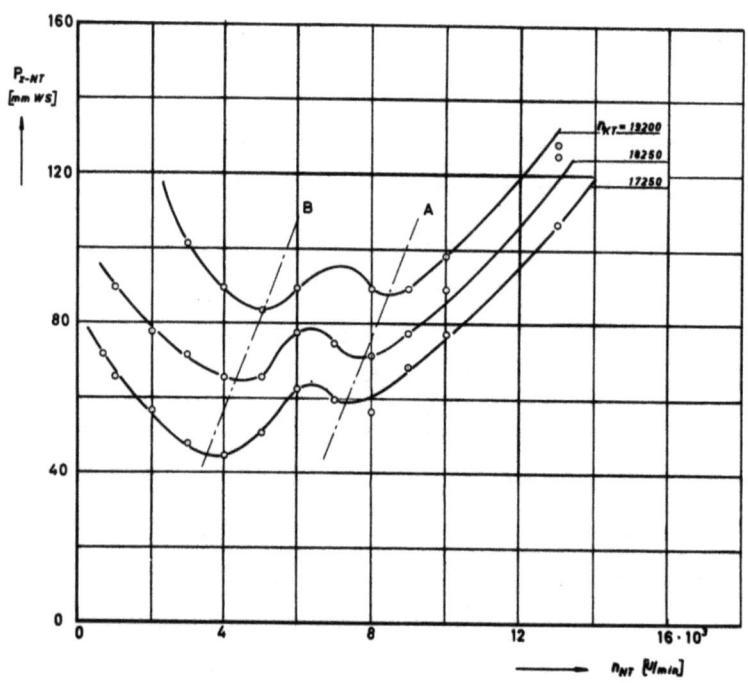

Abbildung 30

Druckverlauf vor der Laufschaufel der Nutzturbine

Konstruiert man die zu den Meßpunkten A gehörigen Schaufeleintrittsdrei-
ecke und zeichnet diese in den Schaufelplan der Nutzturbinenstufe ein,
so ergibt sich, wie in Abbildung 31 für n_{KT} = 17 250 U/min dargestellt,
für alle Drehzahlen stets die gleiche Winkelabweichung $\Delta\beta_1$ = 32°. Es
liegt nun nahe anzunehmen, daß der um $\Delta\beta_1$ verringerte Schaufeleintritts-
winkel demjenigen Grenzwinkel entspricht, bei dem durch den Stoß der
Strömung auf die Druckseite der Schaufel eine Ablösung erfolgt.

Das anschließende Wirbelgebiet bedingt für die restliche gesunde Strömung
eine Verengung des Schaufelkanals, welche eine Erhöhung der Strömungs-

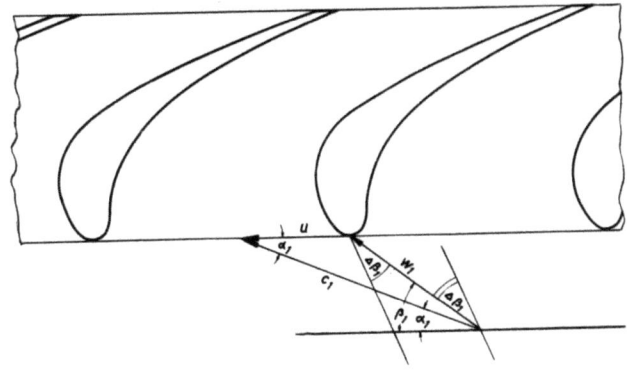

Abbildung 31

Nach thermodynamischen Werten konstruiertes Eintrittsdreieck
am Laufrad der Nutzturbine

geschwindigkeit erforderlich macht. Diesem Geschwindigkeitszuwachs entspricht der Druckanstieg vor der Laufschaufel (Kurvenverlauf zwischen A und B).

Mit steigender Drehzahl der Kompressorturbine verlagert sich der Ablösungspunkt A zu höheren Nutzturbinendrehzahlen unter Aufrechterhaltung der geometrischen Ähnlichkeit des in Abbildung 31 dargestellten Geschwindigkeitsdreieckes.

Eine auf frühere Arbeiten des erstgenannten Verfassers [2] gestützte Vorausermittlung des wahrscheinlichen Verlaufes des Laufschaufelverlustbeiwertes ψ bei zunehmender Schiefanströmung nach dem Regelgesetz gemäß Absatz 2 zeigt Abbildung 32. Hiernach war für den Regelbereich der Nutzturbine, d.h. für den Drehzahlbereich zwischen der der jeweiligen Kompressorturbinendrehzahl entsprechenden Auslegungsdrehzahl der Nutzturbine und deren Stillstand, keine wesentliche Verschlechterung des Verlustbeiwertes ψ zu erwarten. Erst eine Anströmung auf die Saugseite der Laufschaufel würde hiernach zunächst ein merkliches, dann völliges Absinken von ψ zur Folge haben. Da dieser Fall jedoch eine Drehzahlverlagerung über die Auslegungsdrehzahl hinaus zu einer 50%igen Überdrehzahl voraussetzen würde, konnte er mit Sicherheit für den Regelbereich der Nutzturbine ausgeschlossen werden.

Eine eindeutig reproduzierbare meßtechnische Erfassung des dem jeweiligen Laufschaufelprofil zugehörigen Grenzwinkels, bei welchem durch

Ablösung der Strömung eine ψ - Verschlechterung eintritt, stellt daher eine wertvolle Bereicherung der Methoden zur Ermittlung des ψ-Verlaufes dar.

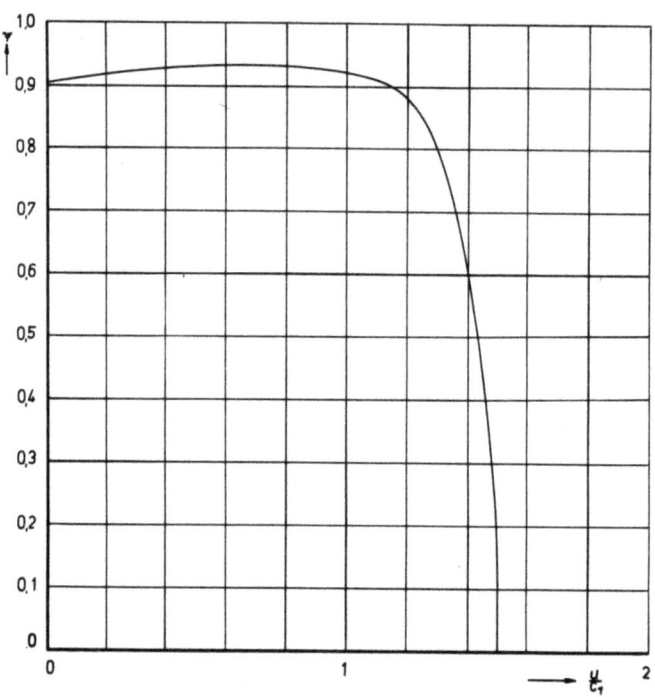

A b b i l d u n g 32

Theoretisch vorausermittelter Verlauf des Laufschaufelverlustbeiwertes ψ für die Nutzturbine

Die Untersuchung eines zweiten Nutzturbinenläufers mit einer gegenüber der ersten Entwurfsausführung in der Skelettlinie verkürzten und mit Rücksicht auf ihre Festigkeit gegenüber Schwingungen des Schaufelblattes profilverdickten Laufschaufel ergab die gleiche Ablösungserscheinung schon bei einem Winkel von $\Delta\beta_1 = 27,6°$, wobei zu berücksichtigen ist, daß durch die vorgenommene Profilverkürzung der Anströmwinkel dieser Schaufel bereits um $18°$ von der theoretischen Anströmrichtung abweicht, so daß angenommen werden kann, daß die starke Abrundung der Schaufeleintrittskante insgesamt zu einer geringeren Ablösungsneigung geführt hat. Parallelgehend hierzu ist auch die Höhe des Druckwiederanstiegs bei dieser Schaufel geringer. Die Abbildung 33 zeigt den zunächst untersuchten Laufschaufelkanal der Nutzturbine, Abbildung 34 die oben erwähnte zweite Beschaufelung.

Abbildung 33

Laufschaufelkanal der Nutzturbine, 1. Ausführung

Abbildung 34

Laufschaufelkanal der Nutzturbine, 2. Ausführung

9. Verlauf des spezifischen Brennstoffverbrauches $b_e = f(n_{NT})$

Neben dem Verlauf des Drehmomentes der Nutzturbine interessiert vor allem die Veränderlichkeit des spezifischen Brennstoffverbrauches bei Drehzahlregelung der Nutzturbine. Zur Erleichterung des Überblickes gibt Abbildung 35 nicht, wie üblich, ein Verbrauchskennfeld für verschiedene Drehzahlen der Kompressorturbine, sondern den spezifischen Brennstoffverbrauch $b_{e\ opt}$ bei der den bisherigen Untersuchungen zunächst zugrundeliegenden maximalen Kompressorturbinendrehzahl von n_{KT} = 19 250 U/min an.

Das Verhältnis von Optimaldrehzahl zu derjenigen Drehzahl der Nutzturbine, bei welcher bei konstanter Drehzahl der Kompressorturbine eine beispielsweise Verdopplung des spezifischen Verbrauchs eintritt, ist vom Drehzahlparameter (n_{KT}) unabhängig. Es beträgt im Mittel 3,4, woraus hervorgeht, daß die relative Verbrauchsverschlechterung bei Drosselung der Nutzturbine bei allen Drehzahlen der Kompressorturbine etwa gleich ist.

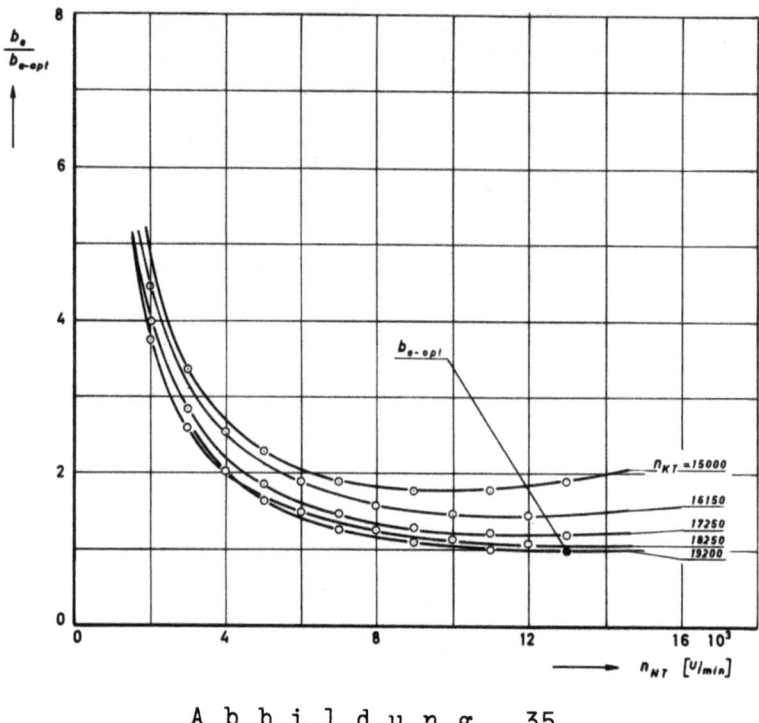

A b b i l d u n g   35

Spezifischer Brennstoffverbrauch der Versuchsturbine, bezogen auf den optimalen spezifischen Brennstoffverbrauch bei vorläufiger Höchstdrehzahl

Hinsichtlich des Regelverhaltens hinreichend charakterisierend ist beim Vergleich der Zweiwellen-Gasturbine mit anderen Kraftmaschinen dieser Wert jedoch insofern nicht, als neben der Leistungsabgabe auch der Drehmomentenverlauf zur Beurteilung heranzuziehen ist. Eine Verbesserung des genannten Wertes könnte zwar durch geeignete konstruktive Maßnahmen - gedacht ist hier vor allem an verstellbare Leitschaufeln der Nutzturbine, welche den Stoßverlust weitgehend vermeiden würden - erzielt werden, die aber gleichzeitig infolge der damit eintretenden Verkleinerung von c_{1u} eine Abflachung des Drehmomentenanstieges bei abnehmender Nutzturbinendrehzahl nach sich ziehen würde.

10. Zusammenfassung

Es wurden ein Überblick über die Entwicklungsarbeiten an einer Zweiwellen-Versuchsgasturbine gegeben und Einzelheiten ihres Betriebsverhaltens diskutiert. Eine Betrachtung des Momentenanstiegs bei abnehmender Drehzahl der freilaufenden Nutzturbinenwelle ergab unterschiedliche Verhältnisse für Gleich- und Überdruckbeschaufelung, wobei die letzteren den steileren Momentenanstieg zu verzeichnen haben. Die geschilderten Meßergebnisse stellen erste Aussagen eines umfangreichen Forschungsprogrammes dar.

Während diese Ergebnisse sich auf die Momentencharakteristik einerseits und Fragen der im praktischen Betrieb auftretenden Stoßempfindlichkeit an der Beschaufelung der zwischen Auslegungsdrehzahl und Drehzahl Null pendelnden Freiturbine beschränken, ist in weiterer Verfolgung des Untersuchungsprogramms beabsichtigt, den Einfluß der Schaltung der Nutzleistungsabgabe, also der Kupplung der Arbeitsmaschine bzw. der Leistungsbremse mit der ersten oder mit der zweiten Turbinenstufe, auf das Teillastverhalten und dessen Wirtschaftlichkeit sowie das Beschleunigungsvermögen der Turbine und deren Regelung bei beiden Schaltungsarten zu untersuchen. Zu diesem Zweck ist bei der Konstruktion der Versuchsturbine eine mögliche Austauschbarkeit beider Turbinenstufen bereits berücksichtigt worden.

                 Prof. Dr.-Ing. Karl Leist †
                 Dipl.-Ing. Heinrich Ostenrath

11. Literaturverzeichnis

[1] LEIST, K. — Analytische Ermittlung der Wirkungsgrade und günstigsten Schnellaufzahlen von Dampfturbinen
Die Wärme, 57.Jahrg., Nr.3 vom 20.1.1934

[2] KNOERNSCHILD, E. und K. LEIST — Untersuchungen an Turbinenschaufelgittern
DVL-Bericht, Jahrbuch d.Deutsch.Luftfahrtforschung 1939

[3] LEIST, K. und K. GRAF — Kleingasturbinen insbesondere zum Fahrzeugantrieb
DVL-Bericht Nr.7, Juni 1956, Westdeutscher Verlag, Opladen

[4] dies. — Straßenfahrzeuge mit Gasturbinenantrieb
Forschungsbericht Nr. 242, Westdeutscher Verlag Opladen, 1956

[5] LEIST, K. — Gasturbinen- Arbeitsweise, Gestaltung und Anwendung
Techn. Rundschau, Bern, Sonderheft Nr. 22, 1960

[6] — 300-PS-Gasturbine der Daimler-Benz AG.
MTZ, 20.Jahrg., Heft 6 Juni 1959

[7] LEIST, K. und S. FÖRSTER — Die Kleingasturbine Artouste, 1.Teil
Forschungsbericht Nr. 243, Westdeutscher Verlag, Opladen

[8] dies. — Die Kleingasturbine Artouste, 2.Teil
Forschungsbericht Nr.967, Westdeutscher Verlag, Opladen

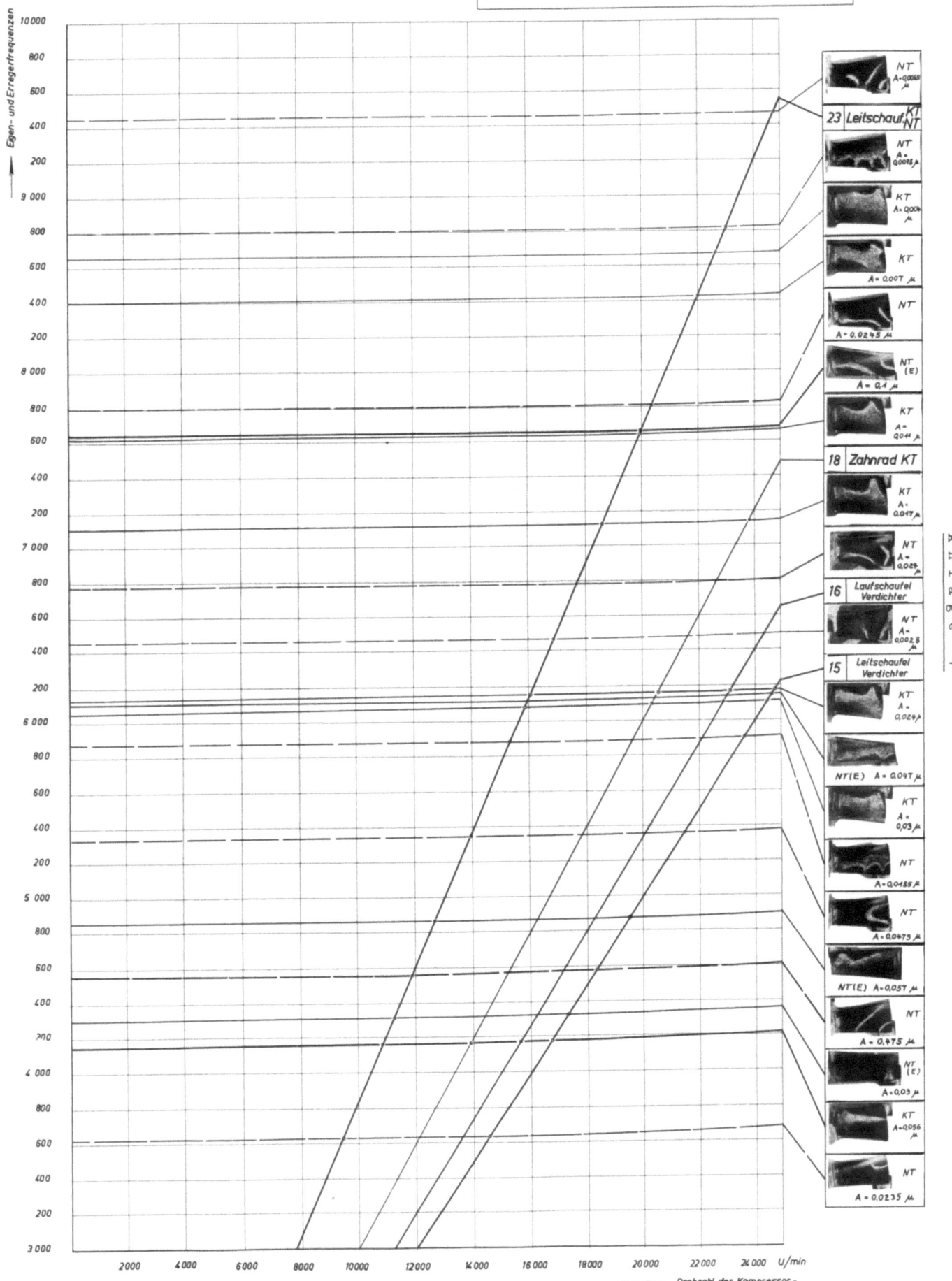

Anlage 2
===

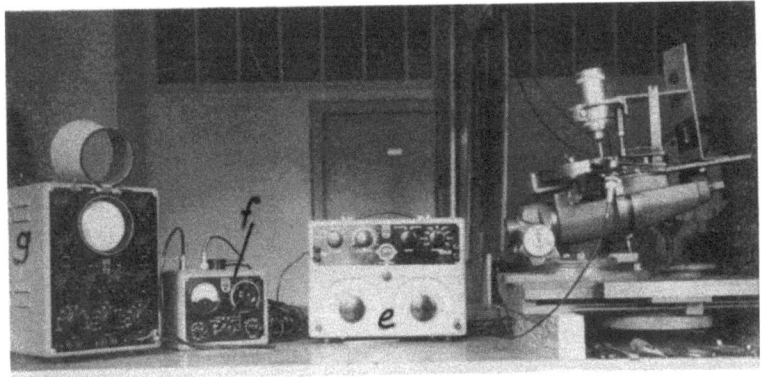

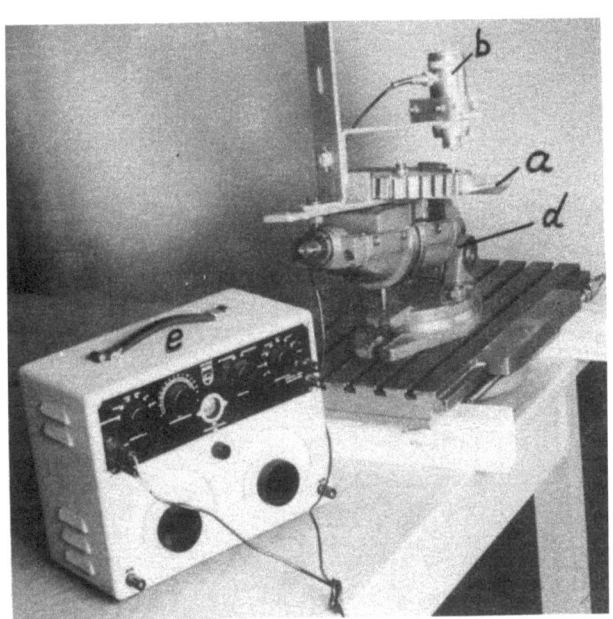

Versuchsaufbau für die Untersuchungen des Schwingungsverhaltens der Beschaufelung:

a) schwingende Laufschaufel mit Knotenlinie,
b) Schwingungserreger,
c) Amplitudenaufnehmer,
d) Schwenkvorrichtung,
e) Tonfrequenzgenerator,
f) Amplitudeneich- und Integriergerät,
g) NF - Kathodenstrahloszillograph

FORSCHUNGSBERICHTE DES LANDES NORDRHEIN-WESTFALEN

Herausgegeben durch das Kultusministerium

MASCHINENBAU

HEFT 45
Losenhausenwerk Düsseldorfer Maschinenbau AG., Düsseldorf
Untersuchungen von störenden Einflüssen auf die Lastgrenzenanzeige von Dauerschwingprüfmaschinen
1953, 36 Seiten, 11 Abb., 3 Tabellen, DM 7,25

HEFT 77
Meteor Apparatebau Paul Schmeck GmbH., Siegen
Entwicklung von Leuchtstoffröhren hoher Leistung
1954, 46 Seiten, 12 Abb., 2 Tabellen, DM 9,15

HEFT 100
Prof. Dr.-Ing. H. Opitz, Aachen
Untersuchungen von elektrischen Antrieben, Steuerungen und Regelungen an Werkzeugmaschinen
1955, 166 Seiten, 71 Abb., 3 Tabellen, DM 31,30

HEFT 136
Dipl.-Phys. P. Pilz, Remscheid
Über spezielle Probleme der Zerkleinerungstechnik von Weichstoffen
1955, 58 Seiten, 19 Abb., 2 Tabellen, DM 11,50

HEFT 147
Dr.-Ing. W. Rudisch, Unna
Untersuchung einer drehelastischen Elektromagnet-Synchronkupplung
1955, 82 Seiten, 65 Abb., DM 17,70

HEFT 183
Dr. W. Bornheim, Köln
Entwicklungsarbeiten an Flaschen- und Ampullen-Behandlungsmaschinen für die pharmazeutische Industrie
1956, 48 Seiten, 24 Abb., DM 11,70

HEFT 212
Dipl.-Ing. H. Spodig, Selm
Untersuchung zur Anwendung der Dauermagnete in der Technik *1955, 44 Seiten, 25 Abb., DM 9,80*

HEFT 295
Prof. Dr.-Ing. H. Opitz und Dipl.-Ing. H. Axer, Aachen
Untersuchung und Weiterentwicklung neuartiger elektrischer Bearbeitungsverfahren
1956, 42 Seiten, 27 Abb., DM 10,30

HEFT 298
Prof. Dr.-Ing. E. Oehler, Aachen
Untersuchung von kritischen Drehzahlen, die durch Kreiselmomente verursacht werden
1956, 50 Seiten, 35 Abb., DM 13,15

HEFT 384
Prof. Dr.-Ing. H. Opitz, Aachen
Schwingungsuntersuchungen an Werkzeugmaschinen
1958, 66 Seiten, 73 Abb., DM 20,40

HEFT 412
Prof. Dr.-Ing. H. Opitz, Aachen
Kennwerte und Leistungsbedarf für Werkzeugmaschinengetriebe
1958, 72 Seiten, 35 Abb., DM 17,20

HEFT 506
Prof. Dr.-Ing. W. Meyer zur Capellen, Aachen
Der Flächeninhalt von Koppelkurven. Ein Beitrag zu ihrem Formenwandel
1958, 74 Seiten, 26 Abb., DM 21,50

HEFT 533
Prof. Dr.-Ing. H. Opitz und Dipl.-Ing. W. Hölken, Aachen
Untersuchung von Ratterschwingungen an Drehbänken
1958, 70 Seiten, 44 Abb., 2 Tabellen, DM 19,70

HEFT 606
Oberbaurat Prof. Dr.-Ing. W. Meyer zur Capellen, Aachen
Eine Getriebegruppe mit stationärem Geschwindigkeitsverlauf
1958, 34 Seiten, 21 Abb., DM 10,50

HEFT 631
Dr. E. Wedekind, Krefeld
Der Einfluß der Automatisierung auf die Struktur der Maschinen- und Arbeiterzeiten am mehrstelligen Arbeitsplatz in der Textilindustrie
1958, 72 Seiten, 32 Abb., 8 Tabellen, DM 21,10

HEFT 667
Prof. Dr.-Ing. H. Opitz und Dipl.-Ing. H. de Jong, Aachen
Schwingungs- und Geräuschuntersuchung an ortsfesten Getrieben
1959, 32 Seiten, 28 Abb., 2 Tabellen, DM 10,30

HEFT 668
Prof. Dr.-Ing. H. Opitz, Dipl.-Ing. G. Ostermann und Dipl.-Ing. M. Gappisch, Aachen
Beobachtungen über den Verschleiß an Hartmetallwerkzeugen
1958, 38 Seiten, 26 Abb., DM 12,—

HEFT 669
Prof. Dr.-Ing. H. Opitz, Dipl.-Ing. H. Uhrmeister und Dipl.-Ing. K. Jüstel, Aachen
Aufbau und Wirkungsweise einer Magnetbandsteuerung
1958, 50 Seiten, 39 Abb., DM 15,—

HEFT 670
Prof. Dr.-Ing. H. Opitz und Dipl.-Ing. W. Backé, Aachen
Untersuchung von Kopiersteuerungen
1959, 70 Seiten, 54 Abb., DM 18,30

HEFT 671
Prof. Dr.-Ing. H. Opitz, Dr.-Ing. R. Piekenbrink und Dipl.-Ing. K. Honrath, Aachen
Untersuchungen an Werkzeugmaschinenelementen
1959, 70 Seiten, 71 Abb., DM 20,—

HEFT 672
Prof. Dr.-Ing. H. Opitz, Dipl.-Ing. H. Heiermann und Dipl.-Ing. B. Rupprecht, Aachen
Untersuchungen beim Innenrundschleifen
1959, 34 Seiten, 50 Abb., DM 11,50

HEFT 673
Prof. Dr.-Ing. H. Opitz, Dipl.-Ing. H. Obrig und Dipl.-Ing. K. Ganser, Aachen
Die Bearbeitung von Werkzeugstoffen durch funkenerosives Senken
1959, 60 Seiten, 41 Abb., 1 Tabelle, DM 18,—

HEFT 676
Prof. Dr.-Ing. W. Meyer zur Capellen, Aachen
Harmonische Analyse bei Kurbeltrieben.
I. Allgemeine Zusammenhänge
1959, 38 Seiten, 10 Abb., DM 11,50

HEFT 695
Dr.-Ing. W. Herding, München
Die Fahrdynamik und das Arbeitsspiel gleisloser Erdbaugeräte als Kalkulationsgrundlage für die Bodenförderung und ihre Kosten
1960, 178 Seiten, 89 Abb., 18 Tabellen, DM 49,—

HEFT 718
Prof. Dr.-Ing. W. Meyer zur Capellen, Aachen
Die geschränkte Kurbelschleife
I. Die Bewegungsverhältnisse
1959, 110 Seiten, 54 Abb., DM 29,20

HEFT 764
Prof. Dr.-Ing. H. Opitz, Dipl.-Ing. H. Siebel und Dipl.-Ing. R. Fleck, Aachen
Keramische Schneidstoffe
1959, 30 Seiten, 18 Abb., DM 9,80

HEFT 772
Prof. Dr.-Ing. W. Meyer zur Capellen
Nomogramme zur geneigten Sinuslinie
1959, 28 Seiten, 11 Abb., DM 8,50

HEFT 775
Prof. Dr.-Ing. H. Opitz
Automatische Erfassung der Maßabweichung der Werkstücke zum Zweck der selbständigen Korrektur der Maschine
1959, 38 Seiten, 27 Abb., DM 11,40

HEFT 777
Prof. Dr.-Ing. H. Opitz und Dipl.-Ing. P.-H. Brammertz, Aachen
Werkstückgüte und Fertigkeitskosten beim Innen-Feindrehen und Außenrund-Einstechschleifen
1959, 92 Seiten, 68 Abb., DM 25,30

HEFT 788
Prof. Dr.-Ing. Herwart Opitz, Aachen
Der Einsatz radioaktiver Isotope bei Zerspanungsuntersuchungen *1959, 36 Seiten, 23 Abb., DM 11,30*

HEFT 794
Dipl.-Ing. Reinhard Wilken, Düsseldorf
Das Biegen von Innenborden mit Stempeln
1959, 82 Seiten, DM 22,40

HEFT 801
Baurat Dipl.-Ing. Gesell, Duisburg
Ersatz von Quarzsand als Strahlmittel
1960, 66 Seiten, 12 Abb., 4 Tabellen, 17 Diagramme, DM 18,90

HEFT 803
Prof. Dr.-Ing. W. Meyer zur Capellen und Dipl.-Ing. E. Lenk, Aachen
Harmonische Analyse bei Kurbeltrieben. Teil II: Gleichschenklige Getriebe
1960, 69 Seiten, 15 Abb., DM 18,40

HEFT 804
Prof. Dr.-Ing. W. Meyer zur Capellen und Dipl.-Ing. W. Rath, Aachen
Die geschränkte Kurbelschleife. Teil II: Die Harmonische Analyse
1960, 66 Seiten, 14 Abb., DM 18,90

HEFT 806
Prof. Dr.-Ing. H. Opitz u. a., Aachen
Untersuchungen von Zahnradgetrieben und Zahnradbearbeitungsmaschinen
1960, 95 Seiten, 81 Abb., DM 29,30

HEFT 809
Prof. Dr.-Ing. H. Opitz und Dipl.-Ing. H. H. Herold, Aachen
Untersuchung von elektro-mechanischen Schaltelementen
1960, 35 Seiten, 16 Abb., DM 11,—

HEFT 810
Prof. Dr.-Ing. H. Opitz und Dr.-Ing. N. Maas, Aachen
Das dynamische Verhalten von Lastschaltgetrieben
1960, 97 Seiten, 77 Abb., DM 29,50

HEFT 811
Prof. Dr.-Ing. H. Opitz und Dipl.-Ing. H. Bürklin, Aachen
Fa. Schoppe & Faeser, Minden, bearbeitet im Auftrage des Forschungsinstitutes für Rationalisierung in Aachen
Über Weggeber für automatisch gesteuerte Arbeitsmaschinen

HEFT 820
Prof. Dr.-Ing. H. Opitz, Dipl.-Ing. H. Rohde und Dipl.-Ing. W. König, Aachen
Untersuchungen der Spanformung durch Spanbrecher beim Drehen mit Hartmetallwerkzeugen
1960, 35 Seiten, 16 Abb., DM 15,80

HEFT 830
Prof. Dr.-Ing. H. Opitz und Dipl.-Ing. W. Backé, Aachen
Automatisierung des Arbeitsablaufes in der spanabhebenden Fertigung

HEFT 831
Prof. Dr.-Ing. H. Opitz, Dr.-Ing. H.-G. Rohs und Dr.-Ing. G. Stute, Aachen
Statistische Untersuchungen über die Ausnutzung von Werkzeugmaschinen in der Einzel- und Massenfertigung
1960, 38 Seiten, 32 Abb., DM 13,—

HEFT 864
Prof. Dr.-Ing. H. Opitz, Aachen
Funkenarbeit und Bearbeitungsergebnis bei der funkenerosiven Bearbeitung
1960, 44 Seiten, 19 Abb., DM 13,10

HEFT 873
*Prof. Dr.-Ing. W. Meyer zur Capellen und
Dipl.-Ing. W. Rath, Aachen*
Kinematik der sphärischen Schubkurbel
1960, 38 Seiten, 13 Abb., DM 11,20

HEFT 887
Baurat Dipl.-Ing. W. Gesell, Duisburg
Arbeiten mit Preß-Formmaschinen unter Normal-Bedingungen und bei hohen spezifischen Preßdrucken

HEFT 898
Prof. Dr.-Ing. H. Opitz und H. de Jong, Aachen
Untersuchung von Zahnradgetrieben und Zahnradbearbeitungsmaschinen in Zusammenarbeit mit der Industrie

HEFT 900
Prof. Dr.-Ing. H. Opitz und Dr.-Ing. J. Bielefeld, Aachen
Automatisierung der Werkzeugmaschine für die spanabhebende Bearbeitung

HEFT 901
*Prof. Dr.-Ing. H. Opitz, Dr.-Ing. J. Bielefeld und
Dipl.-Ing. W. Kalkert, Aachen*
Lebensdauerprüfung von Zahnradgetrieben

Ein Gesamtverzeichnis der Forschungsberichte, die folgende Gebiete umfassen, kann bei Bedarf vom Verlag angefordert werden:
Acetylen / Schweißtechnik – Arbeitspsychologie und -wissenschaft – Bau / Steine / Erden – Bergbau – Biologie – Chemie – Eisenverarbeitende Industrie – Elektrotechnik / Optik – Fahrzeugbau / Gasmotoren – Farbe / Papier / Photographie – Fertigung – Gaswirtschaft – Hüttenwesen / Werkstoffkunde – Luftfahrt / Flugwissenschaften – Maschinenbau – Medizin / Pharmakologie / Physiologie – NE-Metalle – Physik – Schall / Ultraschall – Schiffahrt – Textiltechnik / Faserforschung / Wäschereiforschung – Turbinen – Verkehr – Wirtschaftswissenschaften.

If you have any concerns about our products,
you can contact us on
ProductSafety@springernature.com

In case Publisher is established outside the EU,
the EU authorized representative is:
Springer Nature Customer Service Center GmbH
Europaplatz 3, 69115 Heidelberg, Germany

Printed by Libri Plureos GmbH
in Hamburg, Germany